U0020190

美味
零油煙！

讓新手變廚神的
全能料理爐

喵媽————著

目　錄

Part *2* 100道創意食譜

2-1 不費力，家常料理輕鬆上桌

2-2 不費時，一爐多菜快速方便

自序

　　喵媽在購入日立過熱水蒸氣烘烤微波爐（HITACHI全能料理爐）以前，只會用瓦斯爐燙青菜、煮泡麵跟水餃，冰箱裡只會有簡單的糖、鹽、醬油跟番茄醬。煮飯，對喵媽家這樣兩個人的雙薪小家庭來說，並不是件容易的事，其一食材分量不好拿捏；其二喵媽並不會煮飯。因此只能加入外食一族。

　　剛開始聽到「水波爐」這名稱時，只知道這是一個集合蒸、烤與微波等多功能合一的家電用品。舉凡日立（HITACHI）、夏普（SHARP）、松下（Panasonic）、東芝（TOSHIBA）都有推出這類多功能合一的機器，後來才知道「水波爐」這名稱屬於夏普的專利。

　　2014年某天從電視上看到日立全能料理爐MRO-MBK 3000的廣告，主打業界首創，也是唯一將麵包機結合料理爐的產品，讓這臺家電用品不只是烘烤微波爐，更進化為料理烘焙爐。

　　一看到內建麵包機，整個吸引住喵媽的目光，因而開始關注日立全能料理爐的相關資訊。趁著10月初各家百貨公司週年慶期間，跑去專櫃看這臺神奇小家電。雖然週年慶有滿額送活動，但是折扣下來價格還是很不親民。

　　上日本的Amazon瀏覽了一下。一看到售價，眼睛立刻亮了起來，馬上跟喵爸說：我要把它給帶回來。這時，喵爸提出質疑說：機器都是日文，妳又不懂日文，確定帶回來之後懂得如何操作嗎？任性的喵媽不知道哪裡來的自信，不加思索地回說：買回來就知道怎麼用了！

　　11月中從日本帶回日立全能料理爐，興奮得開箱後，一看到說明書還真的有點頭痛。於是，開始上網找資料並加入FB內相關社團，結果發現好多人也都因為價格因素從日本帶回這臺神奇家電，但是卻很難找到分享食譜與作法的文章。只好硬著頭皮幫自己打氣，從烘焙功能開始認識它！

　　2015年1月，執行手機軟體更新時，發現Google翻譯App有了重大更新，竟然可以拍照翻譯！樂得趕緊拿出日文食譜，試看看圖片翻譯功能，然後就開始找幾道簡單的料理試做。2月的農曆年前，家人說歷年來大年初一來作客，都是到餐廳吃飯，不如今年讓我家的全能料理爐表現一下。於是喵媽這才開始用翻譯軟體搞懂簡單的日文功能鍵，甚至自製了中文面板小便條，方便操作機器時對照使用。找些簡單的食譜，在大年初一的中午，簡單地上了一桌年菜。就這樣開始對全能料理爐產生了興趣。

　　初期以玩烘焙為主。2015年2月才開啟了料理之路，並用部落格將料理食譜記錄下來。2015年7月開始較頻繁地一週至少做一次料理，並在Facebook上成立了「喵媽愛用全能料理爐」的粉絲專頁，希望藉由分享食譜，讓全能料理爐能成為大家廚房裡的好幫手。喵媽也會繼續努力試著用全能料理爐取代瓦斯爐做料理，讓廚房無火、零油煙。或許不專業，但試著盡量簡化料理流程。要學習的還很多，讓我們一起愛用全能料理爐做料理吧！

Part *1*
開啟健康新食代的廚房神機

1-1 <u>超好選！</u> 簡易選擇適合自己的機種

一次搞懂全能料理爐，關於全能料理爐的二三事

Q 全能料理爐是什麼？

　　全能料理爐的全名為「過熱水蒸氣烘烤微波爐」，一般人都稱它為「水波爐」，但水波爐這個名稱是發明廠商夏普的專利，所以其他廠牌的類似商品不能稱為「水波爐」。由於喵媽主要使用日立的機型來分享製作食譜，因此本書採用臺灣日立的官方名稱「全能料理爐」，來通稱同類型的「過熱水蒸氣烘烤微波爐」。

　　以往的烹調家電大多以微波或電熱管加熱食物，全能料理爐（過熱水蒸氣烘烤微波爐）則是以過熱水蒸氣加熱食材。和微波爐對食物的加熱方式不太一樣，微波會快速振動水分子來加熱，容易導致食物外層是熱的，但內層卻是冷的，食物水分較易流失且口感不佳。而全能料理爐是將100℃的水蒸氣，加熱到300℃以上的過熱水蒸氣，過熱水蒸氣讓水分子可以穿透食物，藉由水蒸氣凝縮為水的過程，把熱能均勻傳導到食物內部，也會將多餘的油脂和鹽分一起溶解排除，既保存食材本身的鮮美，也留住了營養素，達到健康又美味的訴求。

Q 有必要買全能料理爐嗎？

　　許多人購買全能料理爐的理由，是因為這一臺機器同時具備電鍋、微波爐、蒸爐、烤箱、氣炸鍋、麵包機等強大功能，除了可以節省廚房的空間，又能做出減油少鹽的健康料理。雖然各家廠商和機種會有功能上的差異，但只要準備好食材，利用基本的烹調功能或機器內建的自動調理行程，就能讓忙碌的上班族和不擅廚藝的人，不需要花太多時間和心力，便能輕鬆端出一桌美味！

全能料理爐的各項調理功能

調理功能	說　　　明
蒸	利用飽和的水蒸氣，調理出蒸餃、蒸魚等鮮美多汁的蒸物料理。
煮	過熱水蒸氣除了能逼出食物多餘的油脂和鹽分，也可以透過定時定溫功能燉煮食物。
炒	高溫燒烤加上蒸氣蒸烤，就達到零油煙大火快炒的功能。
炸	全程無油炸，而是透過熱風烘烤和過熱水蒸氣的模式，調理出低卡路里且外層酥脆、內層多汁的健康炸物。
烤	燒烤、熱風烘烤模式搭配過熱水蒸氣，就能烤出減油少鹽又美味的食物。
微　波	透過微波快速振動水分來加熱食物。
解　凍	冷凍魚、絞肉等魚肉類，可透過微波或蒸氣的方式解凍至可烹調的狀態。
發　酵	可以設定發酵所需的溫度和時間，水蒸氣可以維持濕度並達到發酵的功能。
烘　焙	放入材料後，攪拌、揉麵、醒麵、發酵全程自動化，輕鬆製作出鬆軟可口的麵包和甜點。

過熱水蒸氣　　留住營養美味　　過熱水蒸氣，將油脂、鹽分排除。

蒸　　氣　　口感軟嫩多汁　　飽和水蒸氣，調理出柔嫩味美的口感。

微　　波　　快速加熱料理　　微波快速振動水分，迅速加熱食物。

燒　　烤　　超強火力燒烤　　上方直火加熱，烹調出外酥內軟的美味。

熱風烘烤　　高溫熱風對流　　高溫的熱風對流加熱，將食材慢慢烘烤均勻。

廠牌那麼多，機型如何選？

市面上的全能料理爐從小型到大型、低價到高價的，選擇非常多，主要的四家品牌是日立Healthy Chef、夏普HEALSIO、東芝石窯爐和松下Bistro。各大廠牌的商品都各有所長，在臺灣最多人使用的是日立與夏普的機種，如果考慮到未來要上網和人討論、切磋或求助，應優先選擇日立與夏普，不過東芝與松下的用戶也在逐漸增加當中。以下介紹各品牌的特色和機型差異，可作為選購時的參考。

日立（HITACHI）：全能具備，業界唯一搭載麵包機

日立的機型是目前唯一內建麵包機烘焙功能，放入食材後，從攪拌、揉麵、醒麵到發酵的過程全部自動化，讓做麵包的前置作業和後續清理更加輕鬆，採用專業的熱風烘烤功能，也可以製作出比一般的麵包機口感更佳的麵包和甜點。同時，日立的機型也搭載了自動重量感測裝置、兩品同時調理等功能，可偵測食物的重量，自動決定最佳的火候與烹調時間。

舊的機型因為蒸氣不夠強，蒸熟食材需要花費較長的時間，新的高階機種有附蒸氣上蓋，可將噴發的蒸氣封鎖住以進行蒸烤，搭配燒烤盤，就可藉由烤盤底部高溫燒烤，同時利用蒸氣燒烤，達到零油煙大火力快炒的效果。中階以上機型才可以做雙層料理，下層微波加熱，上層仍可烘烤，所以可以同時烹調兩道料理，低階機型則只能做一層料理。高階以上機型除了加熱效率較好，還有專用的燒烤盤，可以進行雙面燒烤。

各年度日立主要機型分類表

機型等級 功能差異 發售年分	頂級機型 雙層料理功能，內建麵包機。	高階機型 雙層料理功能，沒內建麵包機（註），自動烹調選單較頂級機型少。	中階機型 雙層料理功能，無法雙面燒烤和蒸氣燒烤，自動烹調選單更少。	低階機型 單層料理功能，無法雙面燒烤和蒸氣燒烤，自動烹調選單最少。
2015	MRO-RBK5000（33L）	MRO-RY3000（33L）	MRO-RV2000（33L） MRO-RV100（33L）	MRO-RS8（31L） MRO-RS7（23L）
2014	MRO-NBK5000（33L）	MRO-NY3000（33L）	MRO-NV2000（33L） MRO-NV100（33L）	MRO-NS8（31L） MRO-NS7（22L）
2013	MRO-MBK5000（33L）	MRO-MBK3000（33L）	MRO-MV100（33L）	MRO-MS8（31L） MRO-MS7（22L）

註：MBK3000是這一等級的機種中有內建麵包機的。

（參考資料：日本的日立官網，2016年）

日立最新機種的機能比較表（從高階到低階依序排列）

型號	MRO-RBK5000	MRO-RY3000	MRO-RV2000	MRO-RV100	MRO-RS8	MRO-RS7
價位	最高	次高	中	中	低	低
庫內容量	33L	33L	33L	33L	31L	23L
尺寸 （寬*深*高）	500x459x418mm	500x449x390mm	500x449x390mm	495x465x394mm	487x430x365mm	483x386x340mm
重量 （不含配件）	約24kg	約20kg	約20kg	約19.5kg	約16.5kg	約13kg
過熱水蒸氣	鍋爐 熱風式	鍋爐 熱風式	鍋爐 熱風式	鍋爐 熱風式	鍋爐式	鍋爐式
自動 烹調選單 （食譜數）	477道	400道	339道	79道	75道	62道
烘烤最高溫度	300℃	300℃	300℃	250℃	250℃	250℃
雙面燒烤	有	有	無	無	無	無
加蓋蒸氣燒烤	有	有	無	無	無	無
幾段調理	兩段調理	兩段調理	兩段調理	兩段調理	一段調理	一段調理
兩品同時調理	有	有	有	有	無	無
內建麵包機	有	無	無	無	無	無
功能操作	液晶 觸控面板	液晶 觸控面板	液晶 觸控面板	光學轉鈕	按鈕	按鈕
功能螢幕	白色 背光螢幕	白色 背光螢幕	白色 背光螢幕	白色 背光螢幕	白色 背光螢幕	無 背光螢幕

（參考資料：日本的日立官網，2016年）

夏普（SHARP）：單純蒸烤，真正全程零微波加熱

　　夏普2004年發明了第一代水波爐AX-HC1，只要是夏普的水波爐日文都會稱為ウォーターオーブン　ヘルシオ，英文是Water Oven HEALSIO，簡稱HEALSIO（ヘルシオ），可以看出夏普水波爐當初開發的原意，就是HEALTHY（健康）+HEAL SALT（減鹽），希望做出健康美味的料理。只有夏普的機型能夠真正全程沒有使用微波功能，可以單純蒸或烤，其他品牌的機型在調理食物的過程都可能用微波來輔助。此外，除了購買夏普水波爐附送的食譜外，日本的夏普官方還很貼心地設立了一個網站：http://www.cook-healsio.jp/，網站上會不斷更新食譜，讓想挑戰新料理的人可以隨時上網查詢。

　　XP100以後的頂級機型，開始可以上烤下蒸兩段（雙層）同時調理，讓料理速度加快，短時間內就能同時享用兩道菜。高階機型的SP200也可以上蒸下烤同時料理，其他高階機型則只能上下兩層同時蒸或同時烤的兩段烹調。高階機型除了自動烹調選單較多以及容量較大之外，還有三重噴射式的蒸氣，低階機型通常只有單噴射式、一段調理的功能，烹調的速度上會有差異。

各年度夏普主要機型分類表

機型等級　　功能差異　　發售年分	頂級機型 可上烤下蒸兩段（雙層）同時調理（註1），三重噴射式的過熱水蒸氣，自動烹調選單最多。	高階機型 可做兩段（雙層）料理，雙噴射式的過熱水蒸氣（註2），自動烹調選單較頂級機型少。	中階機型 只能做一段（單層）料理，單噴射式的過熱水蒸氣。	低階機型 只能做一段（單層）料理，單噴射式的過熱水蒸氣，容量最小。
2015	AX-XP200（30L）	AX-SP200（30L）	AX-MP200（26L）	AX-CA200（18L）
2014	AX-XP100（30L）	AX-GA100（30L）	AX-SA100（26L）	AX-CA100（18L）
2013	AX-SP1（30L）	AX-GA1（30L）	AX-SA1（26L）	AX-CA1（18L）
2012	AX-PX3（30L）	AX-GX3（30L）	AX-MX3（26L）	AX-CX3（18L）
2011	AX-PX2（30L）	AX-GX2（30L）	AX-MX2（26L）	AX-CX2（18L） AX-CX1（18L）
2010	AX-PX1（30L）	AX-GX1（30L）	AX-MX1（26L）	

（參考資料：日本的夏普官網，2016年）

註1：XP200、XP100才能上烤下蒸兩段同時加熱兩道料理，SP1以前的頂級機型並沒有這種功能，不過高階機型的SP200也有上烤下蒸的功能。

註2：頂級機型XP200、XP100才有的三重噴射式過熱水蒸氣技術，高階機型的SP200也有，GA100以前的高階機型都只有雙噴射式的過熱水蒸氣。

夏普最新機種的機能比較表（從高階到低階依序排列）

型號	AX-XP200	AX-SP200	AX-MP200	AX-CA200
價位	最高	次高	中	低
庫內容量	30L	30L	26L	18L
尺寸（寬*深*高）	490x430x420 mm	490x430x420 mm	490x435x385 mm	490x400x345 mm
重量（不含配件）	約25kg	約25kg	約21kg	約17kg
過熱水蒸氣	三重噴射式	三重噴射式	單噴射式	單噴射式
自動烹調選單（食譜數）	430道	246道	122道	102道
烘烤最高溫度	300℃	300℃	250℃	250℃
幾段調理	兩段調理	兩段調理	一段調理	一段調理
兩品同時調理	有	有	無	無
功能螢幕	彩色圖片顯示的液晶觸控螢幕	文字顯示的白色背光螢幕	文字顯示的白色背光螢幕	文字顯示的白色背光螢幕

（參考資料：日本的夏普官網，2016年）

松下（Panasonic）：不同溫度，可以紅外線分區加熱

　　松下機型最大的特色，就是可以透過擺動式的紅外線感應器，感測食材表面的溫度，針對食物所需的溫度分區加熱，不管是冷凍、冷藏或常溫的食品，都可以兩品同時加熱。透過上方光加熱（燒烤、油炸）和下方3D控溫加熱（燉煮、川燙、快炒）， 不用翻轉食物也能雙面加熱，兩道料理同時進爐也更加省時。此外，臺灣的松下官網也設立了Lovecooking粉絲團：https://www.facebook.com/PanasonicCooking和專屬網站 ：http://pmst.panasonic.com.tw/LoveCooking/index.aspx，提供了許多中文的食譜，購買臺灣公司貨的使用者更可以上網註冊，免費報名不時推出的料理教室課程。

　　高階以上的機型可以同時調理兩道菜。頂級機型如BS1200新增了旋風波加熱技術，可從食物的中心部分開始解凍，而不是像以前一樣從食物的周圍解凍，還有彩色觸控螢幕可以簡單操作，更結合手機App，可用手機連線搜尋食譜。低階機型則只能做一層料理，加熱效能和技術比不上高階機型。

各年度松下主要機型分類表

機型等級 功能差異 發售年分	頂級機型 可上烤下蒸煮雙層同時調理，直覺式操作的彩色觸控螢幕（註）。	高階機型 雙層料理功能，自動烹調選單較頂級機型少。	中階機型 雙層料理功能，加熱效能略遜於高階機型。	低階機型 只能做單層料理，容量最小。
2015	NE-BS1200（30L）	NE-BS902（30L）	NE-BS802（30L）	NE-BS602（26L） NE-JBS652（26L）
2014	NE-BS1100（30L）	NE-BS901（30L）	NE-BS801（30L）	NE-BS601（26L）
2013	NE-BS1000（30L）	NE-BS900（30L）	NE-BS800（30L）	NE-BS600（26L）

註：2015年發售的低階機型NE-JBS652，也有彩色圖片顯示的液晶觸控螢幕。　　　　　　　　　　　　　（參考資料：日本的松下官網，2016年）

松下最新機種的機能比較表（從高階到低階依序排列）

型號	NE-BS1200	NE-BS902	NE-BS802	NE-JBS652	NE-BS602
價位	最高	次高	中	中	低
庫內容量	30L	30L	30L	26L	26L
尺寸（寬*深*高）	494x435x390mm	494x435x390mm	494x444x390 mm	500x400x347 mm	500x400x347 mm
重量（不含配件）	約20kg	約20kg	約19.7kg	約15.7kg	約15.5kg
過熱水蒸氣	64眼 紅外線感應器	64眼 紅外線感應器	紅外線感應器	紅外線感應器	紅外線感應器
自動烹調選單（食譜數）	398道	165道	96道	163道	62道
烘烤最高溫度	300℃	300℃	300℃	250℃	250℃
雙面燒烤	有	有	有	有	有
幾段調理	兩段調理	兩段調理	兩段調理	一段調理	一段調理
兩品同時調理	有	有	無	無	無
功能螢幕	彩色圖片顯示的液晶觸控螢幕	白色背光螢幕	白色背光螢幕	彩色圖片顯示的液晶觸控螢幕	灰階螢幕

（參考資料：日本的松下官網，2016年）

東芝（TOSHIBA）：烘烤超強，促進熱風的石窯構造

　　能夠讓熱風循環的上層彎曲「石窯構造」，是此廠牌的特點，加上業界最高的350℃烘烤高溫（5分鐘後會自動降到250℃），搭載旋轉風扇使烘烤上色更均勻，達到足以媲美專業烤箱的烘焙效果。透過擺盪式的紅外線感應器，可以偵測食物的高溫及低溫部分，並依據不同的需求有3種解凍方式：「水蒸氣全解凍」適合解凍量少的薄片肉與絞肉，解凍至能用菜刀切開的硬度則適用「急速全解凍」，想調理成輕鬆切開食用的微凍狀態，就使用「生魚片（半解凍）」。同時設有 35 至 95℃定溫烹調，調控出最佳的溫度來烹調食物。

　　高階機型內建8眼紅外線感應器，可以調控出最佳的煮食溫度。頂級機型ND500更有「深盤調理選單」，只要將事先處理好的食材放入5公分左右的深盤，便可同時烹調三道料理。低階機型的自動烹調選單則比較少，烤箱溫度和加熱效率也沒高階機型那麼高。

各年度東芝主要機型分類表

機型等級 功能差異 發售年分	頂級機型 350℃石窯烘烤提升加熱效率，有深盤選單可同時做三道菜。	高階機型 兩品料理功能，沒有深盤選單。	中階機型 沒有8眼紅外線感應器，烘烤的最高溫度較高階機型低。	低階機型 自動烹調選單較少，烘烤溫度最高250℃。
2015	ER-ND500（31L）	ER-ND400（31L）	ER-ND300（30L） ER-ND200（26L）	ER-ND8（26L） ER-ND100（30L）
2014	ER-MD500（31L）	ER-MD400（31L）	ER-MD300（30L）	ER-MD8（26L） ER-MD100（30L）
2013	LD-530（31L）	LD-430（31L）	LD-330（30L）	LD-8（26L）

（參考資料：日本的東芝官網，2016年）

東芝最新機種的機能比較表（從高階到低階依序排列）

型號	ER-ND500	ER-ND400	ER-ND200	ER-ND300	ER-ND100	ER-ND8
價位	最高	次高	中	中	低	低
庫內容量	31L	31L	26L	30L	30L	26L
尺寸 （寬*深*高）	500x465x412 mm	500x460x412 mm	480x395x350 mm	500x450x388 mm	500x416x388 mm	480x390x350 mm
重量 （不含配件）	約24kg	約23kg	約16kg	約18kg	約17kg	約14kg
溫度感應器	8眼 紅外線感應器	8眼 紅外線感應器	擺動式 紅外線感應器	擺動式 紅外線感應器	擺動式 紅外線感應器	紅外線感應器
自動烹調選單 （食譜數）	179道	144道	312道	108道	92道	90道
烘烤最高溫度	350℃	350℃	270℃	300℃	250℃	250℃
燒烤調理	大火力 石窯燒烤	大火力 石窯燒烤	大火力 石窯燒烤	大火力 石窯燒烤	大火力 石窯燒烤	石窯燒烤
兩品同時調理	有	有	無	有	無	無
功能螢幕	背光反轉 液晶螢幕	白色 背光螢幕	彩色 觸控螢幕	白色 背光螢幕	彩色 背光螢幕	彩色 背光螢幕

（參考資料：日本的東芝官網，2016年）

功能都很強大，挑選適合自己的！

各大廠牌基本的機能都差不多，但是主打的功能不太相同。日立和夏普的機型在臺灣的討論度比較高，如果想要諮詢使用經驗或分享創意料理，可以在臉書上搜尋和加入「HITACHI日立過熱水蒸氣烘烤微波爐」、「Sharp夏普水波爐同樂會」這兩個社團，而東芝使用者則可以加入臉書社團：「Toshiba東芝水波爐美食谷」。

在考慮品牌的同時要想到容量和型號，建議購買時可依據家中人口、廚房空間、所需功能來選擇機型。一般來說，全能料理爐的容量從小到大是18L到33L，通常要30L以上才有兩段調理功能，可以同時料理兩品，18L到26L的機型大多只能一段調理，必須考量到家裡人數、空間大小和是否需要用到兩段調理。家裡人數眾多的大家庭，可選擇爐內容量與加熱功率較大的機型，最好選擇可以兩段（雙層）料理的高階機種，一爐多菜、大量烹調會比較方便省時；若是人口較少的小家庭，則可選擇容量較小的機型，省空間也省電。

日立沒有純蒸氣烹調功能，主要是以微波加上蒸氣的方式加熱食物，因為各項功能表現都有很高的水準，CP值高，是許多人喜愛的廠牌。如果想要烘焙麵包甜點，就選購搭載麵包機的頂級機種，假使沒有做麵包的需求，就可根據自動烹調選單的數量、是否可兩段（雙層）同時料理來挑選機型。若考量到日本自扛的價格和行李是否超重的問題，許多人會挑選價格平實、重量較輕的NS8、RS8系列，既具備基本的料理功能，也不怕支付超重費用。

夏普是水波爐的創始者，不只水波爐的外觀設計亮眼，更主打健康、美容料理。如果不喜歡微波功能，夏普是唯一全程使用水蒸氣而零微波調理的廠牌，但蒸烤料理的時間會比較長，機型的價位也偏高、重量偏重。夏普高低階機型上的不同，除了自動烹調選單的多寡和容量的大小之外，高階機型還可以上下兩層同時蒸烤調理（頂級機種更可以上烤下蒸），低階機型則只能做單層料理，加熱技術和烹調速度會有差異，如果沒有價格與空間上的考量的話，直接選購高階機種會比較實用。

松下的紅外線分區加熱技術、光熱系統，可以快速解凍和加熱食物，約8-10分鐘就能完成一道料理。頂級機型內建64眼紅外線感知，加熱功率高，加上彩色圖片的液晶觸控螢幕，操作上較為簡便，自動烹調選單也較低階機型多，還有兩品同時料理的功能。由於低階機型無法同時做兩道菜，加熱效率較低，倘若不需考慮價格與空間，也建議購買高階一點的機種。

東芝主打的石窯造型烤箱功能超強，適合經常烘焙麵包甜點的人，但功能面板的操作上比較沒那麼親切簡便。由於最高烘烤溫度可達350℃，以此高溫快速預熱5分鐘，再利用左右切換方向的熱風烘烤，能讓食物均勻加熱，美味上桌。頂級機型有8眼紅外線感應器，還有深盤調理選單可同時做三道料理，加熱火力和自動烹調選單都比低階機型占優勢。

總之，只要留意各品牌型號在加熱效率和功能設定上的差異，再根據自己不同的料理需求，就能輕鬆挑選出最適合自己的機型。

1-2 超好買！透過這些選購管道輕鬆買

購買方式比較

Q 該買公司貨、水貨或自扛呢？

1. 購買公司貨

公司貨是透過在臺代理商合法進口，再由代理商批發產品給店家販售，有保固與維修機制，因為有刊登廣告、建立維修與代理經銷體系、支付營業稅、管銷成本等種種費用，這些成本支出自然就反映到價格上。另外，由於代理商引進時須修改電路以符合臺灣電壓，也要讓產品中文化，需要耗費比較長的時間，所以常常來不及引進日本的最新機型。但是公司貨的優點，就是可以得到完善的售後服務和維修保固，相對來說會比較有保障，不怕故障後變成電器孤兒，也有詳盡的中文使用說明書和精美的料理集，使新手可以快速理解產品的各項功能。有的廠商還會為公司貨的使用者推出產品的相關課程，像是日立、松下，就規畫了購買公司貨即可免費參加的料理教室，讓使用者可以善用全能料理爐的強大功能。

2. 找水貨或代購

水貨沒有透過代理商進口，可能是店家自行從國外帶回。水貨因為少了代理經銷與維修等流程與費用，通常比公司貨便宜，也可以跟日本發表的最新機型同步，有的水貨商還會提供中文的說明書和食譜。缺點是萬一故障毀損，一般店家無法提供保固。有的水貨商有提供保固，可以代為送回國外原廠維修，但會比公司貨耗費較多的時間。

3. 日本自扛

市場上有許多家廉價航空陸續開航臺灣與日本航線，讓臺灣人到日本旅遊便利了許多。同時，近年來日幣不斷貶值，讓臺灣人到日本旅遊兼購物蔚為風潮。尤其像全能料理爐、炊飯鍋及吸塵器這類小家電，跟臺灣價差大，成為大家到日本旅遊必扛的戰利品。

自扛的優點：

　　到日本自扛小家電，因價格低，型號選擇性多，而且通常能買到當地最新的機型，是到日本自扛最大的誘因。

最主要的二大缺點：

a. 語言

　　如果想從日本帶回全能料理爐這類較為複雜的小家電，一定要做好「學習」的心理準備。機器一定是全日文介面，因此要非常有耐心地跟它博感情，學習如何使用。

b. 保固

　　從日本帶回來的全能料理爐，在臺灣不受保固，臺灣日立公司從2015年起，停止水貨收費維修服務。因此，機器使用後若出現任何問題，只能想辦法尋找坊間的家電行幫忙維修。

購買方式比較表

購買方式	公司貨	水　貨	自　扛
機型	舊	新（與日本同步）	新（與日本同步）
價格	高	中	低
維修保固	臺灣保固	轉送日本維修	無
說明書與食譜	完整的中文資料	主要是日文資料，有些店家會提供精簡或完整的中文資料	日文資料
電壓	110V	100V	100V

日本自扛經驗分享

Q 日本自扛要上哪買才划算？

1. 在家電賣場購買

去日本自扛有兩種購買方式，一種是去家電賣場購買，另一種是上網買。

家電賣場可以免稅，有時還有優惠折扣，價格可能比網路購買更便宜，而且有的家電賣場還可以免費寄送到機場。通常會去YODOBASHI和BIC CAMERA這兩家連鎖電器賣場購買，每家分店可能會有各自的促銷價，所以很難說哪一家比較便宜，必須自行比價。如果對店面的價格不滿意，可以搜尋這兩家公司網站上的價格，詢問店員可否折讓到相同的價格，但通常無法再使用折價券與退稅。BIC CAMERA常常有優惠券，購物滿10萬日幣以上也可免費運送，買完可以請店員幫忙寄送到旅館或機場，但得預留兩天以上的寄送時間比較保險。如果是在回國前一天才去賣場買，就只能自己扛去機場了。

2. 日本網購流程

旅行的時間很寶貴，因此喵媽不想在旅程中花太多時間去找商品。出發前，可以先列出購物清單，能在Amazon或Kakaku網站上找到的，就直接網路購買。Kakaku上通常可以買到最低價，但有些會限制要消費滿額或是現金價等等。如果價差不大，建議以比較方便的方式購買。最方便的是在Amazon購買，只要出國前下單，填寫旅館地址，讓商品在住宿期間送達，然後再將商品寄到機場，或者自行運送。

購買前請注意：網路上購買商品是無法退稅的。另外，一定要先寫e-mail或打電話詢問看看，預訂入住的飯店是否有提供代收包裹的服務！

以Amazon購物流程為例：

a. 登入日本Amazon，網址： http://www.amazon.co.jp/

b. 網頁中間上方可選擇英文網頁，或者是網頁的右上方有翻譯選項可將網頁翻譯成繁體中文。

c. 輸入關鍵字尋找要購買的商品，例如MRO-MBK3000，輸入之後顯示此商品有提供白色與紅色兩種機種。請在此畫面選擇想購買的顏色。

d. 接下來的頁面可以看到各商家販售價格，是否含運費，同時會顯示大約幾天可以收到商品，決定好要購買的商品，直接按最右邊黃色框框，加入購物車。

e. 商品加入購物車後，就會帶入結帳畫面。請點選黃色框框，進入付款程序。

f. 進入付款程序後就會詢問是否有會員？如果沒有，請先加入會員。

g. 請輸入基本資料，建立會員檔案。

h. 付款頁面出現後，點取黃色框框就會進入付款流程，然後輸入商品寄送地址，通常都是出國前購買，寄送到旅日期間住宿的飯店。如果旅行期間入住不同飯店，建議將商品寄至最後一晚入住的飯店，省去旅行期間換飯店搬運的麻煩。

↑ 登入Amazon首頁。

↑ 輸入關鍵字，搜尋想要的商品。

↑ 閱覽商品的資訊和價格，選擇要購買的商品。

All	New from ¥ 59,973	Used			
Show only: ☐ Free shipping		Sorted by **Price + Shipping**			
Price + Shipping	**Condition**		**Seller Information**	**Delivery**	**Buying Options**
¥ 59,973 & FREE Shipping	New	北海道・沖縄・離島は別途送料がかかります。何卒ご了承の程お願い申し上げます。エアコン・家電製品全国設置工事承います。(一部当社指定地域を除く)	タンタンショップ ★★★★★ 91% positive over the past 12 months (13,489 total ratings)	• In Stock. • Ships from Japan. Learn more about import fees and international shipping time. • Domestic shipping rates and return policy.	Add to cart or Sign in to turn on 1-Click ordering
¥ 59,983 & FREE Shipping	New		murauchi.com ★★★★★ 90% positive over the past 12 months (9,759 total ratings)	• In Stock. • Ships from Japan. Learn more about import fees and international shipping time. • Domestic shipping rates and return policy.	Add to cart or Sign in to turn on 1-Click ordering
¥ 61,199 & eligible for Free Shipping Details	New		amazon.co.jp	• In Stock. Want it delivered 11/27 Thursday? Order it in the next 2 hours and 52 minutes, and choose "Expedited Shipping" or "Same Day Expedited Shipping" in the checkout process. This is not a free shipping option (More details). • Domestic shipping rates and return policy.	Add to cart or Sign in to turn on 1-Click ordering
プライム ¥ 63,305 & FREE Shipping	New	メーカー取り寄せ時はお届けまでお時間を頂く場合がございます。社内共有在庫の為、ご注文のタイミングにより在庫完売の場合はキャンセルとさせて頂くこともございますので予めご了承ください。	Cyber Station ★★★★★ 85% positive over the past 12 months (12,543 total ratings)	• In stock. Usually ships within 2 - 3 business days. • Domestic shipping rates and return policy.	Add to cart or Sign in to turn on 1-Click ordering
¥ 64,740	New		Life Mart	• In stock. Usually ships within 2 - 3 business days.	Add to cart

↑ 對各商家販售的商品進行比價。

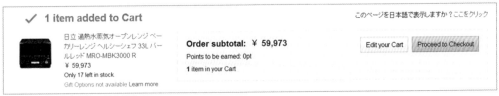

✓ **1 item added to Cart**

このページを日本語で表示しますか？ここをクリック

日立 過熱水蒸気オーブンレンジ ベーカリーレンジ ヘルシーシェフ 33L パールレッド MRO-MBK3000 R
¥ 59,973
Only 17 left in stock.
Gift Options not available Learn more

Order subtotal: ¥ 59,973

Points to be earned: 0pt

1 item in your Cart

[Edit your Cart] [Proceed to Checkout]

↑ 選好要購買的商品後，放入購物車。

amazon.co.jp サインイン

Sign In

Enter your e-mail address

☑ **I am a new customer.**
(You'll create a password later)

◯ **I am a returning customer, and my password is:**

☑ Keep me signed in. Details

[Sign in using our secure server ►]

Forgot your password? Click here
Has your e-mail address changed since your last order?

Conditions of Use Privacy Notice
© 1996-2014, Amazon.com, Inc. or its affiliates

↑ 進入結帳頁面。

Add a new address

Be sure to click "Ship to this address" when done.

Domestic Address: The limit for 1 line is either maximum of 32 half-width or 16 full-width characters. If it is over the limit, please use "Address line 2" as well

International Address: Only half-width characters/numbers are valid. Our systems can't process non-English characters.

*Please don't use special letters.
*Amazon.co.jp does not deliver to airport nor P.O. boxes.
Add an International Address

Full Name:

ZIP/Postal Code:

Prefecture:
--

Address Line 1:
(or company name)

Address line 2:

Company Name:
(Optional)

↑ 輸入商品的寄送地址，完成付款程序。

Q 日本自扛怎麼運送到機場？

網路上有很多人分享如何將全能料理爐從飯店運送到機場，有將包裹寄送至機場，有搭計程車，有搭利木津巴士，也有到日本才去購買手推車等等。

1. 宅配寄送

如果購買的全能料理爐含紙箱包裝的重量在25公斤以下，通常可以請商家或旅館用宅配寄送到機場，返國時再去機場的取貨櫃臺領取。就算全能料理爐稍微超重一兩公斤，也可以嘗試請旅館叫宅配來收，一般來說宅配人員會予以通融，但也要有被拒收的心理準備。郵局代送機場可以收到30公斤，不過規矩比較多。有的旅館或店家會幫你處理郵局寄送，而有些會要你自己推去郵局，或要求你在郵局收件時必須在場親自辦理。萬一遇到不能託運的情況，就只能自己搬去旅館或機場。

2. 搭車去機場

最簡便的方法是搭利木津巴士，每人可以放兩件行李到車子的行李箱。最好是住宿在有利木津巴士停靠站的飯店，如果飯店沒有利木津巴士停靠，就可能要搭計程車去轉搭。也可以搭電車去機場，但必須先準備一臺推車。推車可以從臺灣帶去，也能在日本的電器賣場購買。推車通常都會附伸縮繩，怕不夠用的話，也可以多買兩條繩子，把紙箱綑緊一點。最好先查好電車轉乘路線，進出車站與月臺時有電梯會比較方便。

如果跟喵媽一樣，擔心到日本之後要花太多時間尋找購買手推車，建議出發前在臺灣就先購買折疊手推車及兩條伸縮繩，協助把機器固定在推車上。

接下來分享喵媽如何從日本飯店一路將全能料理爐帶回臺灣。

a. 準備一臺25吋行李箱塞得下的手推車。下圖為喵媽使用的手推車。

b. 用伸縮繩，將機器綑綁固定好，就可以輕鬆拉著它，到車站搭車到機場辦理登機囉！

c. 抵達機場辦理登機時，要先把伸縮繩拆掉，搬上輸送帶！這時候就能把手推車折疊後，跟伸縮繩一起放入隨身行李袋中，回到臺灣提領到行李後，再次將手推車及伸縮繩取出，綑綁固定機器。

材質：鋁合金+丙烯塑料
輪子：超靜音輪+360度萬向輪
尺寸：展開尺寸 90×40×27.5cm
　　　折疊尺寸：52×36×13cm
淨重：2.16kg
可承受重量：80kg

購物後滿額免運費直接送機場（限定BIC CAMERA）

機　場	服　務	收件截止時間	送達時間	費用與重量限制
羽田機場	JAL ABC配送	16:30	第二天2:00	小尺寸10kg／1300日幣 大尺寸30kg／2000日幣 消費超過10萬免運費
成田機場			第二天7:00	
關西機場				
名古屋中部機場				
其餘機場	大和運輸 （YAMATO） 黑貓宅急便	12:00	第三天9:00	小尺寸10kg／1300日幣 大尺寸25kg／2000日幣

宅配送機場

種類	費用	寄送地點	大小	重量	備註
大和運輸 （YAMATO） 黑貓宅急便	2000~3000日幣	各地營業所、 配合的便利商店	長寬高加總 160cm以內	25kg以下	大小超過不受理
JAL空港宅配	2000~3000日幣	電話預約取件	長寬高加總 160cm以內	30kg以下	限定成田、 羽田、關西、 名古屋、新千歲

註1：機場配送服務櫃臺可能會遇到航廈不同的問題，需提早到機場領貨。
註2：必須確定機場配送櫃臺的開放時間，早班機及晚班機有可能來不及。
註3：超過30kg可能得先取出一些配件。

Q 全能料理爐可以搬上飛機嗎？

　　一般來說都可以搬上飛機，不過各航空公司規定可以攜上飛機的行李，單件行李重量最多是32公斤。目前只有日立NBK5000的重量達34.5公斤，必須拆開包裝的紙箱取出一些配件才能上飛機，其餘機型基本上都可以上飛機，但超過免費行李的重量可能會被收取超重費用。會不會加收超重費用取決於航空公司，大部分航空公司允許同行乘客合計託運重量，只有單件32公斤的限制。

　　又如樂桃，雖然可以預買行李重量至100公斤，但單件限重20公斤，超過還是得加收超重費。一般來說想要自扛全能料理波爐的人最好搭乘廉價航空（樂桃除外），只要事先買好足夠的託運重量，就不會被多收費用。

　　喵媽購買捷星航空機票時，回程購買了35公斤的行李。航空公司單件託運行李重量上限32公斤，而喵媽購買的這臺全能料理爐，含箱子及配件總重量31.8公斤（託運時秤出的重量），所以沒有託運上的問題。如果旅行前就已經規畫好要帶中型電器回臺灣的話，訂飯店時盡量選有直達車班可以到機場，中途不需轉車的大車站附近的飯店。

傳統航空公司飛日本線的行李規定

航空公司	艙等	免費託運行李限重	計算方式	體積限制	超重運費
日航	商務	32kg	計算件數最多3件	長寬高加總不超過203cm	23-32kg：6000日幣 32-45kg：30000日幣 多一件行李：10000日幣 超過203cm：10000日幣
	經濟	23 kg	計算件數最多2件		
全日空	商務	32kg	計算件數最多2件	長寬高加總不超過158cm	23-32kg：6000日幣 32-45kg：20000日幣 多一件行李：10000日幣 158-292cm：20000日幣
	經濟	23 kg			
長榮	商務	30 kg	計算總重件數不限	未規定行李大小	每公斤15美元
	菁英	25 kg			
	經濟	20 kg			
中華	商務	30 kg	計算總重件數不限	長寬高加總不超過203cm	每公斤15美元，32-45kg收取三倍超重費用，超過45kg的話每10kg再加一倍
	豪華經濟	25 kg			
	經濟	20 kg			
國泰	商務	30 kg	計算總重件數不限	長寬高加總不超過203cm	每公斤20美元
	經濟	20 kg			
復興	商務	30 kg	計算總重件數不限	長寬高加總不超過158cm	不同地點會加收每公斤146-487臺幣
	經濟	20 kg			

廉價航空公司飛日本線的行李規定

航空公司	艙等	免費託運行李限重	計算方式	體積限制	超重運費
香草	繽紛香草	20kg	計算總重 件數不限	長寬高 加總不超過 203cm， 單邊小於120cm	超過20kg：900臺幣 每多5公斤300臺幣 最多買到100kg 臨櫃買加收手續費 600臺幣
	原味香草	需額外加買			
	心動香草	需額外加買			
樂桃	Happy Peach Plus	20kg	計算件數 計算重量	長寬高 加總不超過203cm	東京大阪： 每件20公斤收1440臺幣 20-32kg：1360臺幣 沖繩： 每件20公斤收1150臺幣 20-32kg：1130臺幣
	Happy Peach	需額外加買			
酷航	ScootBiz	20kg	計算總重 件數不限	長寬高 加總不超過158cm	每件行李 （依飛行時間計算） 5hr內：15kg／1080臺幣 超重（依飛行時間計算） 5hr內：1kg／480臺幣
	FlyBag	20kg			
	Fly	需額外加買			
虎航	無	需額外加買	計算總重 件數不限	未規定	臨櫃買只能加買 15kg／1500臺幣 超重每公斤700臺幣
威航	享樂熊	20kg	計算總重 件數不限	單邊小於140cm	每公斤300臺幣
	輕鬆熊	15kg			
	背包熊	需額外加買			
捷星	商務	30kg	計算總重 件數不限	機型A320高度 不高過190cm， 機型A330高度 不高過277cm	每件行李15kg／4000日幣 每公斤1500日幣
	基本	需額外加買			

1-3 <u>超簡單！</u> 全能料理爐的使用與保養

全能料理爐開箱啟用及注意事項

1. 安置全能料理爐

　　請依說明書安置全能料理爐，保留散熱空間。全能料理爐依型號不同，散熱位置設計也不同，因此，請務必依照說明書指示保留散熱空間。一般來說，全能料理爐應平放在穩固的地方，上方不可置放物品，離櫥櫃頂端最好有10公分以上，左右各留下5公分的寬度，也要注意說明書中提到的與牆面的間隔距離，以免散熱不佳而導致機器故障。

2. 開關電源

　　很多人第一次使用時都不知道怎麼開啟電源，其實只要將電源插頭插入插座中，再開關爐門一次，就正式啟動電源了。當全能料理爐閒置超過10分鐘，就會自動關閉電源。之後每次要使用時，只要打開爐門就能啟動電源。

3. 空燒（脫臭）

- 全能料理爐正式開始使用前最重要的一個步驟就是「空燒」（カラ燒き）。全能料理爐出廠時，加熱室壁面有塗上防鏽油脂，所以在第一次使用前，一定要先進行空燒，消除防鏽油脂。
- 啟動電源後，選擇「脫臭」，就能執行空燒。全能料理爐執行空燒時，必須取出所有的配件，連同給水盒跟白盤都不能放在裡面！
- 強烈建議先在室外空間或陽臺進行空燒完再搬進廚房安裝。因為空燒的過程會產生類似燃燒塑膠的味道，而且還會冒煙。這狀況是正常的，請不要驚慌。如果真的沒有室外空間，請務必打開家裡所有門窗，並且不要讓小孩及寵物待在正在進行空燒的空間裡。

4. 暫停調理

　　全能料理爐操作到一半時，如果想讓它暫停，只要打開正在運作中的全能料理爐的爐門，就會暫停運轉。再次關上爐門，按下啟動，就能讓暫停中的全能料理爐恢復運作。

5. 重量感應器歸零

　　全能料理爐底部設有重量感應器，主要用於微波模式，測量放於白盤上方食材的重量，計算食材加熱或解凍所需時間。請至少一個月校正一次重量感應器。喵媽的全能料理爐型號，只要長按取消鍵3秒，就能啟動歸零的功能。全能料理爐依型號不同，歸零方式也不同，請翻閱說明書了解歸零方式。

6. 加水槽

　　加水槽內的水主要用於調理過程中產生蒸氣。只要使用到過熱水蒸氣、蒸氣、發酵及蒸氣微波功能，就都必須安裝加水槽。如果不確定什麼時候要放加水槽，可以在每次使用全能料理爐時都裝上加水槽，料理完畢後再取出，並將水倒掉。請特別注意：加水槽內的水只能使用「過濾過的水」，為了衛生與健康著想，每次使用時請更換乾淨的水。

Q 從日本自扛機器的話，到底需不需要變壓器？

　　從日本自扛回來的電器，電壓是100V，而臺灣的電壓是110V。需不需要使用變壓器，端視個人需求。喵媽從日本帶回來的所有電器用品都是直接插上插座，沒有使用任何的變壓器。如果真的擔心電壓問題，也一定要買品質好的降壓器，以免加了降壓器反而導致機器故障。

全能料理爐功能簡介

　　全能料理爐的加熱方法分為：微波、微波蒸氣、燒烤、蒸氣燒烤、過熱水蒸氣燒烤、熱風烘烤、蒸氣熱風烘烤、過熱水蒸氣熱風烘烤。

★ 三種主要加熱方式

1. 「微波」（レンジ）：可快速加熱食物、保持食物原有的外觀，因為大幅縮短加熱時間，可減少營養流失。
2. 「燒烤」（グリル）：主要用上方的加熱器來加熱食物，可以烤出外酥內軟的食物，並讓食物表皮帶點焦痕。
3. 「熱風烘烤」（オーブン）：由熱風加熱器與上加熱器共同運轉，讓加熱室可以維持均衡的溫度，同時也能讓食物均勻受熱。

★ 三種主要加熱方式搭配蒸氣加熱

1. 使用「微波」、「燒烤」的過程中加入「蒸氣」功能，讓爐內充滿100℃左右的水蒸氣，飽和的水蒸氣，可以在料理過程中為食物增添水分，讓食物的口感呈現濕潤柔軟。
2. 而在「熱風烘烤」的過程中加入「蒸氣」功能，就能烤出外表酥脆的法國麵包或鄉村麵包。

★ 只有二種主要加熱方式可搭配過熱水蒸氣加熱

　　使用「燒烤」與「熱風烘烤」的過程中加入「過熱水蒸氣」功能，可以使爐內充滿奈米蒸氣。料理過程中，這些奈米蒸氣能將肉類多餘的油脂及魚類多餘的鹽排出，做出健康、留住原汁的美味菜餚。

全能料理爐的全自動麵包烘焙功能，更是創下業界最快製程，只要90分鐘即可輕鬆、快速出爐。麵包機功能選單中也附設了便利的預約定時功能，能指定麵包出爐的時間，可以在早晨吃到新鮮出爐的麵包。麵包機的功能不只做麵包，烏龍麵與麻糬都可以簡單完成！但是，喵媽的麵包機功能主要是用來打麵團，再利用麵團做出各式各樣的麵包，真的是非常的方便！

簡單整理各項加熱方法及使用器皿

加熱方式	白色底盤	黑色烤盤	燒烤盤 （有腳的）	加水槽
微波 （レンジ）	O	X	X	X
蒸氣＋微波 （スチーム＋レンジ）	O	X	X	O
燒烤 （グリル）	O	O	O	X
蒸氣＋燒烤 （スチーム＋グリル）	O	O	O	O
過熱水蒸氣＋燒烤 （過熱水蒸氣＋グリル）	O	O	O	O
熱風烘烤 （オーブン）	O	O	X	X
蒸氣＋熱風烘烤 （スチーム＋オーブン）	O	O	X	O
過熱水蒸氣＋熱風烘烤 （過熱水蒸氣＋オーブン）	O	O	X	O

全能料理爐保養：脫臭、加熱室清掃、排水

為了讓全能料理爐能長長久久地當廚房裡的大幫手，一定要定期幫它做脫臭、加熱室清掃、排水等保養喔！

1. 脫臭

進行脫臭時，請記得把白盤取出。脫臭是使用燒烤與熱風烘烤模式完成，時間為20分鐘，行程結束之後，機器的風扇會再繼續運行3分鐘，進行散熱。通常喵媽烤完味道比較重一點的食材後，就會先做脫臭的動作。

2. 清掃與排水

有些人習慣使用完就做清掃與排水，喵媽平日使用全能料理爐的次數比較少，一個星期做一次清掃與排水的保養。

進行以下清掃步驟時，必須放入白盤喔！

a. 安裝加水槽，這樣加熱過程中才能產生熱蒸氣，幫助達到清掃的效果。

b. 將旋轉鈕轉至「48清掃」，按下啟動。

c. 清掃結束聲響之後，接著把加水槽取出。

d. 再一次將旋轉鈕轉至「48清掃」，按下啟動。因為已經取出水槽，所以會聽到機器吸不到水發出類似咕嚕的聲音，不用擔心喔！

e. 清掃結束聲響之後，不要急著打開門。因為裡面剛完成加熱，會非常燙，要等加熱室稍微冷卻之後，再打開爐門，拿布把裡面的水滴都擦掉。

為全能料理爐進行淺層與深層清潔

長期使用全能料理爐做料理，爐內難免卡油汙。除了平常使用過後，啟用清掃功能做清潔外，另外分享兩個實用清潔小工具。

1. 天然橘油微波爐洗淨劑

在大創（DAISO）39元商店購入的，成分為天然橘油。使用方法非常簡單，可以每兩週幫全能料理爐做一次簡單清潔，使用方法：

a. 包裝拆開後，取出包裝內的海綿與橘子油，把海綿放到全能料理爐白盤的正中央。

↑ 大創購入的天然橘油微波爐洗淨劑，可簡單清潔全能料理爐。

b. 撕開橘子油的包裝，淋到海綿上。

c. 手動設定微波→ 500W→ 1分。

d. 微波結束後，稍微等2-3分鐘再打開爐門，拿取已膨脹的海綿。請先確認海綿不會燙手後，再拿取海綿擦拭全能料理爐。

e. 擦拭完成，讓爐門保持開啟，自然風乾約30分鐘。

↑ 把海綿放進全能料理爐，再淋上橘油清潔劑。　↑ 將海綿微波後，海綿膨脹起來。

2. 椰子油清潔膏

椰子油本身就具有清潔作用。這一款椰子油清潔膏是以天然椰子油當基底，添加了三種大小不同的天然礦石粉（矽酸鹽礦物、氧化鋁礦物、二氧化鈦礦物）當磨砂顆粒，而製成的天然無汙染萬用椰子油清潔膏。椰子油清潔膏為弱鹼性，使用起來滋潤不傷手。

天然椰子油本身就具有去汙力，再加上磨砂顆粒後，能在清潔的過程中產生磨擦力，進而達到深層去汙的效果。建議每個月做一次深層清潔，簡單介紹使用方法：

a. 先執行一次全能料理爐清掃功能。

↑ 椰子油清潔膏可深層清潔全能料理爐。

b. 拿取乾抹布直接沾取少量椰子油清潔膏，輕輕擦拭全能料理爐內部（如果拿沾了水的濕抹布，取出的顆粒可能不明顯）。

c. 再拿一條抹布，過水後擰乾，擦拭全能料理爐內部，把第一次用乾抹布擦時殘留的椰子油清潔膏擦拭乾淨。

d. 完成之後，再執行一次全能料理爐清掃功能，完成後再拿乾抹布擦拭一遍爐內即完成深層清潔。椰子油清潔膏為膏狀清潔劑，使用上安全性高，也可以當成家庭萬用清潔劑，適用於不鏽鋼、陶瓷、玻璃及塑膠等材質製品。

↑ 拿乾抹布沾取椰子油清潔膏。　↑ 尚未使用椰子油清潔膏清潔前。　↑ 用椰子油清潔膏清潔後變乾淨了。

使用全能料理爐的實用小撇步

分享喵媽常用且覺得很實用的小撇步：微波中繼加熱、手動蒸氣、烘烤與發酵過程更改烤溫與追加時間、原鍋烤吐司。

1. 微波中繼加熱

翻閱說明書時，對這個功能有點好奇，仔細研究了一下，發現這是一個如同瓦斯爐上大火轉小火的概念，非常適用於需較長時間燉煮的料理，像是煮飯、燉湯等。

以一鍋到底海鮮飯為例：

a. 先按一下「手動／決定」，看到螢幕顯示「微波」（レンジ）800W，轉動旋轉鈕調整為600W。

b. 按一下「手動／決定」，看到螢幕顯示0分，轉動旋轉鈕設定時間10分。

c. 接著再連按二下「手動／決定」，會看到螢幕顯示200W。

d. 再按一下「手動／決定」，轉動旋轉鈕設定時間12分，全部設定完成後，按下啟動鍵。

e. 一開始會先以微波600W加熱，經過10分鐘後，就會看到螢幕自動顯示為200W，最後的12分鐘就會以200W完成加熱。

2. 手動蒸氣

手動蒸氣可用於熱風烘烤、燒烤與麵團發酵。使用於發酵過程中，能幫助麵團發酵，於熱風烘烤或是燒烤過程加入蒸氣，烤出來的食物就不會有乾澀的口感。

a. 以麵團發酵為例：使用熱風烘烤的發酵功能（30℃-45℃），設定發酵時間50分鐘。於啟動發酵功能時，先按一下「強弱」（仕上）鍵，就能加入3分鐘的蒸氣。當發酵時間經過一半，再按一下「強弱」（仕上）鍵，就能再加入3分鐘的蒸氣，讓麵團不乾燥。

b. 熱風烘烤或燒烤時：設定時間20分鐘。烘烤10分鐘後，即可按一下「強弱」（仕上）鍵，就能加入3分鐘的蒸氣，讓烤出來的食物表皮不乾硬。

c. 加入蒸氣的過程中，全能料理爐會暫時停止加熱功能。

d. 如果不需要太多的蒸氣，則可連按二下「強弱」（仕上）鍵，加入2分鐘的蒸氣。或連按三下「強弱」（仕上）鍵，加入1分鐘的蒸氣。

e. 如果在加入蒸氣的過程中想取消蒸氣，再連按四下「強弱」（仕上）鍵，就能取消蒸氣。

3. 更改烤溫與追加時間

　　a. 更改烤溫：熱風烘烤過程中，只要轉動旋轉鈕，就能以10℃為單位，調升或調降烤溫。

　　b. 更改麵團發酵溫度：麵團發酵過程中，只要轉動旋轉鈕，就能以5℃為單位，調升或調降溫度。

　　c. 追加時間：熱風烘烤或是發酵過程中，按一下「手動／決定」，再轉動旋轉鈕，就能以1分為單位追加所需時間。

　　d. 調整完時間，如果要改回調整溫度，只要按一下「手動／決定」，即可切換回調整溫度的模式。

4. 原鍋烤吐司

　　全能料理爐內已經設定多款一鍵到底、自動行程的吐司，但是，如果想烤一個包入自己喜歡的內餡並且有點造型的吐司，該怎麼辦呢？自動行程只要暫停的時間過久，就一切都得重來。不過只要跟著喵媽用以下的方式這樣烤，家裡沒有吐司模具，也一樣可以用麵包鍋烤出自己喜愛口味的吐司！

　　a. 取出打好的麵團，包入喜愛的內餡，並整出喜歡的吐司形狀後，再把麵團放回麵包鍋。

　　b. 按一下「手作り／一時停止」，旋轉鈕轉至「127 1次發酵」，按一下「手動／決定」，轉動旋轉鈕設定溫度30℃，再按一下「手動／決定」，轉動旋轉鈕設定時間60分。時間到時，先看一下發酵的狀況，如果大約8分-9分滿鍋就可以準備烘烤，如果發酵得不夠高，重複操作「127 1次發酵」，每次10分鐘，直到麵團發酵達到8-9分滿鍋。

　　c. 烘烤設定：按一下「手作り／一時停止」，旋轉鈕轉至「132 燴飯」，顯示完成時間剩餘41分鐘，請自行設定計時器，烤約28-30分鐘後即按取消。

　　如果擔心吐司烤得太焦，請將酵母及投料盒上蓋放上麵包鍋。

1-4 <u>超好用！</u> 巧搭器具能造就美味食物

功能強大的料理器具介紹

　　全能料理爐這個大幫手，只要搭配上一些小幫手，就能讓它發揮更強大的功能。以下介紹幾個專門搭配「微波」功能使用的料理器具，舉凡煎、煮、炒、炸、燉，樣樣都難不倒這群小幫手。

★ 搭配「微波」功能使用的器具

1. 美亞神奇微波壓力鍋

　　美亞神奇微波壓力鍋於2013年在臺灣推出，喵媽在2015年9月購入。壓力鍋使用的是食品級PP材質，而且重量只有傳統不鏽鋼壓力鍋的三分之一左右，相較之下輕巧許多。使用時不需加壓與洩壓，不僅省時，而且節能環保。

　　料理過程中，當鍋內充滿壓力時，安全顯示閥即彈起，當安全顯示閥彈起時會扣住鍋蓋，只需等待安全顯示閥下降，即可打開鍋蓋。

　　美亞神奇微波壓力鍋內附一個蒸盤，所以不只可以燉、煮，還能蒸。讓喵媽最驚豔的是只要加熱10-12分鐘，再燜個3-5分鐘，就能快速煮好一鍋飯。用電子鍋煮飯要約莫半小時才能煮好，而微波壓力鍋卻可以在15分鐘內做到，真的很優秀！不管是白飯或是任何加了澎湃料理的飯，都能一鍋到底，輕鬆完成。

　　壓力鍋最適合拿來燉湯。一年四季都能依季節燉煮各種雞湯食補，使用微波壓力鍋，不到20分鐘就能燉好一鍋雞湯，燉出來的雞肉軟嫩又美味。

2. 第二代美亞新時尚神奇微波壓力鍋

　　2015年10月美亞推出了第二代新時尚神奇微波壓力鍋，外觀設計煥然一新，造型真的很時尚。鍋蓋設計為「一按即開」，相較於第一代鍋蓋旋轉式卡榫設計，第二代鍋蓋設計讓開合的操作更簡易。

　　鍋蓋上新增了快速洩壓鈕。有些料理完成後並不需要讓食材繼續在壓力鍋內加壓，例如煮高麗菜等葉菜類，燜久會讓蔬菜顏色變黃，所以加熱完成即可取出壓力鍋，按壓快速洩壓鈕，等壓力釋放完了，才能打開鍋蓋。

第二代取消了蒸盤的設計，少了蒸的功能，但也因此讓內鍋整個變得很圓滑，一體成型的設計，使用後更好清理。

3. Vita Chef微波專用無水調理鍋

Vita Chef微波專用無水調理鍋，除了健康的無水料理，也可以用來炊、煎、煮、炒、燒、燉，可謂為全方位調理鍋，什麼料理都可以藉由這個無水調理鍋來完成。

無水調理鍋，顧名思義就是不需額外加水就能料理食物，而且可以一鍋到底，是非常好用的鍋具。維他命C溶於水，一般加水烹調蔬菜時，就帶走了蔬菜中富含的維生素。而無水調理鍋可阻止電磁波的直接穿透，將其轉變成紅外線熱能加熱，利用蒸氣循環對流原理，逼出食材本身的水分來烹調食材，因此烹煮後，仍然可以保留食材的原汁原味以及營養。

若是要炊、煎、煮、炒、燒、燉，烹煮質地比較硬、含水量比較低的蔬菜，就必須要加入些許的水或油來調理食物。

4. Range Mate微波專用多功能調理鍋

Range Mate微波專用多功能調理鍋的使用方法與功能，和Vita Chef微波專用無水調理鍋大同小異。其異處主要在於無水調理的功能。

外觀與內部容量而言，Range Mate在設計上比較多樣化。Range Mate依型號有附不同的配件：湯鍋（小綠鍋）附的是鋁製蒸板，萬用烹飪鍋（小紅鍋）附的是矽膠蒸盤與可用於烘焙的矽膠烤盤。另一款較扁平的煎鍋，內部有波浪紋設計，非常適用於煎牛排、煎魚等。

湯鍋（小綠鍋）

萬用烹飪鍋（小紅鍋）

煎鍋（小橘鍋）

★ 搭配「烘烤」與「燒烤」功能使用的器具

1. 帶蓋鐵製烤皿

內容量33公升的全能料理爐，內附黑色烤盤的尺寸大小，恰巧能放兩個喵媽從日本帶回來的帶蓋鐵製烤皿。將食物放入帶蓋鐵製烤皿，使用熱風烘烤功能烹調，加蓋後，能縮短烹調時間。

2. 玻璃烤皿

喵媽購買的樂扣玻璃保鮮盒，拿掉保鮮盒上蓋，就能當成同時適用於烤箱功能與微波功能的器皿。有圓形也有方型的玻璃器皿，使用這類玻璃器皿來烘烤重乳酪蛋糕或麵包，都非常好用！

3. 不鏽鋼網架

使用網架搭配過熱水蒸氣燒烤模式做酥炸料理，把食材放在網架上架離烤盤，讓烤出來的食物更酥脆。烤雞在烘烤過程會出油，把烤雞架上網架，可以避免烘烤過程中浸泡在雞油中，以致烤出不酥脆外皮。不鏽鋼網架除了燒烤時放入爐內使用，平時更是喵媽烘焙的好幫手，烘烤完麵包或餅乾，不鏽鋼網架就成了最方便的散熱架。

4. 深烤盤

大家應該會覺得很疑惑，全能料理爐不是已經有附贈兩個黑色烤盤，為什麼還需要深烤盤呢？仔細看原廠附的烤盤，表面稍有凸起，不是那麼的平整，烤盤的四周圍做凹槽設計。如果要烤蛋糕捲，或者是要烤有點高度的枕頭蛋糕，喵媽就會使用深烤盤來烘烤。

★ 好用烘焙器具

1. 八格格迷你烤模

　　一般烤吐司麵包會用較大的吐司模，食用時再切片。八格格迷你吐司烤模除了可以烤出一個個獨立的迷你小吐司，還可以將吐司整型為各種特殊造型，烤出一盤不單調的迷你吐司。

2. 造型餅乾模

　　造型餅乾模除了可以烤出各種造型餅乾外，烘烤蛋糕時也可以用造型餅乾模來取出造型蛋糕，像是食譜內的躲貓貓蛋糕或是各種內藏特殊造型的蛋糕，製造切開蛋糕的驚喜。

　　市面上還有販售各式造型吐司模、造型蛋糕模，都能為烘焙增添許多樂趣。

　　多多善用一些適用於全能料理爐的鐵製烤皿、玻璃烤皿，或是陶瓷烤皿，就能有效率地烤出一爐多菜。除了省時、節能又省電，一舉多得！

好用的料理器具哪裡買？

　　如果有需要全能料理爐周邊相關商品，可以搜尋FB社團：「日立水波爐相關商品買賣專區」，社團內有許多實用購買資訊可供參考。

　　另外，喵媽每隔一段時間就會到大創39元商店逛逛，常常可以在那裡挖掘到許多非常好用、實用又便宜的烘焙用品與廚房好物。

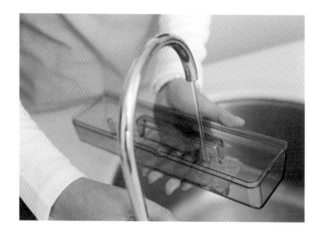

料理器具購買資訊

器 具	購買處	備 註
美亞神奇微波壓力鍋、 美亞新時尚神奇微波壓力鍋	美亞鍋具官網 http://www.meyer.com.tw/homes.php	可查詢百貨專櫃據點
	各大網路購物中心	
	FB社團： 日韓萬能微波調理器具鍋	社團常不定時發起各種調理器具鍋的團購，價格比市價優惠很多。
Vita Chef微波專用無水調理鍋	FB粉絲專頁：迷貓雜貨	粉絲專頁不定期販售適用於全能料理爐的調理器。無水調理鍋也可以自行從國外帶回。
Range Mate微波專用多功能調理鍋	各大網路購物中心	Range Mate因臺灣已無代理商，有些網路購物中心仍可買到部分產品，或可自行從國外帶回。
鐵製中型深烤皿	FB粉絲專頁：迷貓雜貨	除了此粉絲專頁可以代購，也可自行從國外帶回。
玻璃烤皿	各大百貨公司、超市或碗盤專賣店	只要玻璃烤皿有標示適用於烤箱與微波爐的，皆可使用。
不鏽鋼網架	FB社團：水波爐／烤箱網架烘焙社團	社團提供各式水波爐與烤箱的網架訂作，網架全部採用不鏽鋼材質製作。因手工製作的關係，有時需等待比較久的時間。
小型烤網	宜得利家居	
不沾深烤盤	廠商：嘉昱企業社， 電話：06-2059816， 傳真：06-2071786 地址：704臺南市北區 開元路73巷61-2號	
八格格迷你吐司烤模	FB粉絲專頁：迷貓雜貨	
餅乾模與烘焙周邊商品	烘焙器具與材料行	可以買到許多便宜又好用的周邊商品。
	大創39元商店	

附錄

好用翻譯軟體介紹

　　Google翻譯軟體的幫忙，讓喵媽對全能料理爐的操作更加得心應手。喵媽帶回全能料理爐後不久，更新手機內的Google翻譯軟體時，發現新增了「鏡頭翻譯」的功能。只要對著日文食譜拍照，就能翻譯，這對不懂日文的喵媽來說真的是像發現寶物一般開心。而且不只日文，還有許多國家的語言都可以翻譯喔！

操作說明：

1. 將鏡頭對準文字後，按下右下角有點像放大鏡圖示的掃描鍵，進行掃描。
2. 掃描完成，就會看到Google自動把可辨識字元框起來囉！然後看到上方顯示「透過觸控操作的方式來標明文字」。
3. 用手指頭直接在螢幕上劃過「大根おろし」，就會看到上面的顯示列將大根おろし翻譯成「蘿蔔泥」，是不是很簡單?!

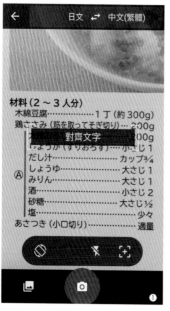
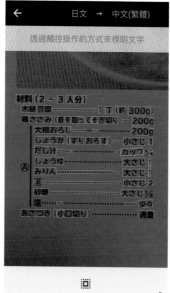
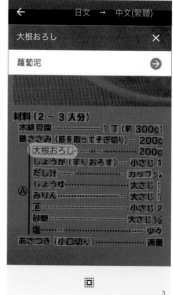

常用功能中日文對照表

　　各廠牌的機型不同，功能也有一些差異，光是自動烹調選單可能就有一兩百種以上，僅能挑選出各品牌機型常用的功能和自動菜單，整理出功能按鍵的中日文對照表，以供參考。

	中　文	日　文	中　文	日　文
手動設定	啟　動	あたためスタート	預　熱	予熱
	取　消	とりけし	自　動	オート
	微　波	レンジ	語音提示	おしえて
	烘　烤	オーブン	強弱設定	仕上がり
	燒　烤	グリル	添加蒸氣	テイリースチーム
	蒸　氣	スチーム	非油炸	ノンフライ
	返　回	戻る	揉　麵	ねり
	發　酵	発酵	醒　麵	ねかり

自動烹調選單

中　文	日　文	中　文	日　文
冷（凍）飯加熱	冷凍ごはん	炒麵	焼きそば
飲料牛奶加熱	飲み物・牛乳	烤地瓜	焼きいも
酒類溫熱	酒かん	軟嫩布丁	柔らかプリン
解凍加熱	解凍あたため	茶碗蒸	茶わん蒸し
蒸氣加熱	スチームあたため	炸雞肉	鶏のから揚げ
包子加熱	中華まんあたため	炸雞排	チキンカツ
炸類加熱	天ぷらあたため	炸豬排	とんカツ
生魚片解凍	刺身の解凍	炸腰內豬排	ヒレカツ
川燙葉菜類	葉・果菜	炸可樂餅	コロッケ
水煮根莖類	根菜	炸竹筴魚	あじフライ
海綿蛋糕	スポンジケーキ	炸蝦天婦羅	えびの天ぷら
巧克力蛋糕	蒸しチョコレートケーキ	漢堡肉	ハンバーグ
披薩	ピザ	香草烤雞	鶏のハーブ焼き
法國麵包	フランスパン	照燒雞肉	鶏の照り焼き
焗烤料理	グラタン	鹽漬鮭魚	塩ざけ

Part **2**

100道創意食譜

01 一鍋到底海鮮飯—小綠鍋版

操作模式：**微波（レンジ）中繼加熱**

手動 決定	→	微波（レンジ）
	→	600 W
	→	10分
	→	轉200 W
	→	12分

加水槽：無
使用器皿：小綠鍋或無水調理鍋
擺放位置：白盤上

【材料】（3-4人份）

白米160g
水130ml
包心大白菜（或高麗菜）1/4顆
適合長時間烹調的蔬菜紅蘿蔔1小塊
洋蔥1/4顆
蘆筍數根
蝦子10隻
蛤蜊10顆
小干貝1包
蟹腳管肉1小盒

【調味料】

鰹魚露30ml
鹽少許
黑胡椒粒少許

TIPS

※ 如果全能料理爐沒有輪替加熱功能，
就先設定600W → 10分，等時間到
再設定一次200W → 12分就可以
囉！

※ 海鮮與蔬菜都可依個人喜好自行搭
配，蔬菜建議選擇適合長時間烹煮
的。

【作法】

1. 米洗淨瀝乾備用。

2. 將包心大白菜切片、洋蔥切絲、紅蘿蔔切絲、蘆筍切段備用。

3. 蛤蜊吐沙、蝦子去殼備用。

4. 將白米放入小綠鍋內，加入開水及鰹魚露。再鋪上洋蔥絲，因為洋蔥帶點辛辣，除了可吸收
   醬汁調味，也可增加米飯風味（a）。

5. 放上大白菜根的部分及紅蘿蔔絲（b）。

6. 鋪上較易熟的大白菜葉子段與蘆筍（c）。

7. 開始擺上海鮮，蝦子、蛤蜊、蟹腳管肉。蓋上鍋蓋後放入全能料理爐，最後擺上干貝（d）。

8. 手動設定「微波」（レンジ）→ 600W → 10分 → 接著再連按2下「手動／決定」，會看到
   螢幕顯示200W → 按一下「手動／決定」，以旋轉鈕設定時間12分，全部設定完成後，按下
   啟動鍵。

9. 出爐後，放上甜羅勒裝飾（也可用九層塔、巴西里或香菜）即完成（e）。

02 一鍋到底鮭魚野菇飯

操作模式：微波（レンジ）

手動
決定 → 微波（レンジ）
→ 600 W
→ 12分

加水槽：無
使用器皿：
美亞神奇微波壓力鍋（第一代）或
美亞新時尚神奇微波壓力鍋（第二代）
擺放位置：白盤上

【材料】（2人份）	【調味料】
白米150g	鹽少許
水170ml	鰹魚露1大匙
鮭魚1塊	
野菇1小把	

【作法】

1. 米洗淨後與水一起放入微波壓力鍋，再放入野菇（a）。

2. 鮭魚去皮切小塊放入（b）。

3. 加入鹽並淋上鰹魚露。

4. 蓋上鍋蓋後放入全能料理爐，手動設定「微波」（レンジ）→ 600W → 12分。

5. 微波時間結束，確定壓力顯示閥下降後，才能打開鍋蓋（c）。

6. 用飯匙快速將鮭魚撥散後，與野菇及飯拌勻（d）。

03 黑啤酒干貝雞腿飯

操作模式：微波（レンジ）

手動	→	微波（レンジ）
決定	→	600 W
	→	12分

加水槽：無
使用器皿：
美亞神奇微波壓力鍋（第一代）或
美亞新時尚神奇微波壓力鍋（第二代）
擺放位置：白盤上

【材料】（3-4人份）　【調味料】

米1杯　　　　　　鹽少許
去骨雞腿排2塊　　鮮雞晶1/2小匙
干貝8顆
毛豆仁1小碗
黑啤酒1.1杯

【作法】

1. 白米洗淨放入微波壓力鍋（a）。

2. 接著把切塊的雞腿肉與干貝鋪在白米上（b）。

3. 放上毛豆仁，灑上些許鹽，鮮雞晶加入後再倒入黑啤酒（c）。

4. 蓋上鍋蓋後放入全能料理爐，手動設定「微波」（レンジ）→ 600W → 12分。微波時間結束
   後，等壓力顯示閥下降再打開鍋蓋（d）。

04 番茄香腸燉飯

操作模式：微波（レンジ）

手動 決定	→	微波（レンジ）
	→	600 W
	→	12分

加水槽：無
使用器皿：
美亞神奇微波壓力鍋（第一代）或
美亞新時尚神奇微波壓力鍋（第二代）
擺放位置：白盤上

【材料】（1-2人份）

米100g
番茄1顆
香腸1根
蔥1根
水100ml
肉燥含湯汁2大匙

TIPS

※ 2人以上請用1杯米、1杯水。

【作法】

1. 白米洗淨放入微波壓力鍋。番茄皮劃開，香腸切塊，蔥切碎，肉燥2大匙鋪在白米上（a）。

2. 蓋上鍋蓋後放入全能料理爐，手動設定「微波」（レンジ）→ 600W → 12分。微波時間結束後，等壓力顯示閥下降，再打開鍋蓋。

3. 取出番茄皮，用飯匙將番茄撥散，與飯拌勻即可（b）。

05 番茄毛豆仁飯

操作模式：微波（レンジ）

手動	→	微波（レンジ）
決定	→	600 W
	→	12 分

加水槽：無
使用器皿：
美亞神奇微波壓力鍋（第一代）或
美亞新時尚神奇微波壓力鍋（第二代）
擺放位置：白盤上

【材料】（3-4人份）

米1杯
番茄1顆
毛豆仁1小碗
水1.1杯
橄欖油1小匙

【作法】

1. 白米洗淨放入微波壓力鍋，加入水。
2. 番茄皮劃開，鋪在白米上，加入毛豆仁，淋上橄欖油（a）。
3. 蓋上鍋蓋後放入全能料理爐，手動設定「微波」（レンジ）→ 600W → 12分。微波時間結束，等壓力顯示閥下降，打開鍋蓋。
4. 取出番茄皮，用飯匙將番茄撥散，與飯拌勻即可（b）。

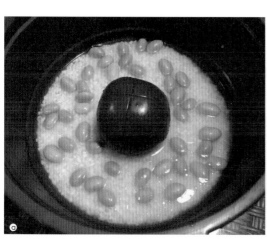

06 枸杞高麗菜

操作模式：微波（レンジ）

手動決定	→	微波（レンジ）
→	600 W
→	6分

加水槽：無
使用器皿：
美亞神奇微波壓力鍋（第一代）或
美亞新時尚神奇微波壓力鍋（第二代）
擺放位置：白盤上

【材料】（2-3人份）　　　【調味料】

高麗菜1/4顆　　　　　　　鹽少許
枸杞少許
蒜頭1瓣
橄欖油1大匙
水1大匙

【作法】

1. 高麗菜洗淨切片，放入微波壓力鍋（a）。

2. 加入枸杞、拍碎的蒜頭、橄欖油及水，並加入少許鹽（b）。

3. 蓋上鍋蓋後放入全能料理爐，手動設定「微波」（レンジ）→ 600W → 6分。微波時間結束
   後取出微波壓力鍋，待安全顯示閥下降後，即可打開鍋蓋。

07 麵包藏烤雞饗宴

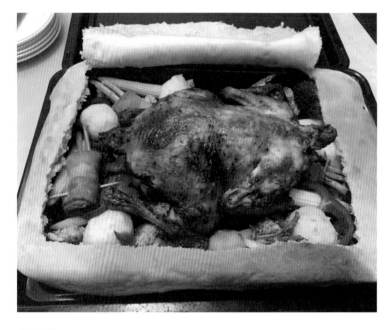

操作模式：15 烤雞（ロストチキン）

温熱開始 ➝ 15 烤雞（ロストチキン）

或

手動設定 ➝ 熱風烘烤（オーブン）
➝ 予熱有
➝ 2段
➝ 200℃
➝ 60-90分

加水槽：無
使用器皿：黑色烤盤、麵包鍋、深烤盤
擺放位置：下層
註：黑色烤盤、燒烤盤與麵包鍋皆為原廠附屬品。

【材料】（5-6人份）

全雞1隻約1kg
花椰菜1小顆
馬鈴薯2顆
玉米筍1小盒
甜椒1個
培根6片
蘆筍6根
魚丸6顆
蒜頭10顆
奶油1大匙

【烤雞醃料】
大蒜黑胡椒香料（含鹽）2大匙
大蒜綜合香料（不含鹽）2大匙

【麵包麵團】
高筋麵粉250g
牛奶或水160g
糖20g
鹽3g
酵母粉3g
奶油20g

TIPS

※ 所有副食都可依各人喜好添加各項食材。

【作法】

1. 在雞的前胸後背以及腹腔內塗上香料，用保鮮膜封好，送入冰箱醃6-8小時（a）。

2. 小綠鍋放入蒸盤，將切小朵的花椰菜與切小塊的馬鈴薯放入小綠鍋，加1杯水（b），蓋上鍋蓋放入全能料理爐，設定「微波」（レンジ）➝ 600W ➝ 10分。沒有小綠鍋，也可以用耐高溫保鮮膜包覆，選用自動行程「13根菜」行程來完成。

3. 將蘆筍切段，用培根捲起後以牙籤固定，做培根蘆筍捲，把培根蘆筍捲、甜椒、玉米筍、魚丸，及微波完成的花椰菜與馬鈴薯全部放入最後要上菜的深烤盤（c）。最後要用麵團包覆深烤盤，所以盡量不要讓食材超出烤盤。除了培根蘆筍捲與魚丸外，灑些鹽在蔬菜上。

4. 將麵包麵團的所有材料放入麵包鍋，酵母粉放入酵母盒（d），直接選用吐司行程，讓酵母粉於過程中自動加入，進入發酵階段時，就能按取消，取出麵團。

5. 封上保鮮膜進行一次發酵40-60分鐘（e）。

6. 選用自動行程的烤雞模式，讓全能料理爐先進行預熱。如果全能料理爐沒有烤雞行程，手動設定「熱風烘烤」（オーブン）➝ 予熱有 ➝ 2段 ➝ 200℃ ➝ 60-90分鐘（時間設定取決於雞的大小，出爐發現沒熟都可以再加時間）。

7. 黑色烤盤鋪上一張烘焙紙，放一個小烤網，一方面避免烤雞時不斷有油跟雞汁流下，泡久了，烤完的雞皮會有點爛爛的。另一方面，把雞稍微架離烤盤，方便中途取出，拿刷子沾取雞油與雞汁刷到雞身，烤出脆脆的雞皮。

8. 取出醃好的雞，清掉部分的香料，將雞的前胸後背都塗上一層奶油，將蒜頭塞入雞的腹腔，用牙籤封住開口，讓蒜頭不會掉出來（f）。預熱結束後，將雞胸面朝上開始烤雞，計時15分鐘。

9. 經過15分鐘後，將雞胸朝上的烤雞取出，用刷子沾取烤網下方的油與雞汁，塗抹於雞身（g），接著將雞翻面，讓雞胸朝下，沾取油與雞汁刷上雞背後，送回全能料理爐再次按下開始。

10. 第二個15分鐘後，將烤雞取出，用刷子沾取烤網下方的油與雞汁，塗抹於雞背，在塗抹時，已經感覺到雞皮有酥脆感。接著將雞翻面，讓雞胸朝上，沾取油與雞汁刷一刷後（h），送回全能料理爐再次按下開始。

11. 烤雞烤了30分鐘，這時候的麵團也已經完成1次發酵，取出麵團，稍微將麵團排氣後滾圓，讓麵團休息5分鐘（i）。

12. 開始將麵皮擀開。深烤盤大小約25X35公分，烤雞放上深烤盤後會有高度，因此麵皮要擀成大約30X40公分比較保險。但是在擀的過程中，不是那麼容易一次完成，因此先擀一半大，然後直接讓擀開的麵團休息5分鐘，接著再擀成需要的大小，蓋上保鮮膜，就直接讓這張攤開的大麵皮這樣進行2次發酵。

材料

13. 再回到烤雞的部分，第三個15分鐘經過後，烤雞看起來已經9分熟了。再次刷油後翻面讓雞背朝上，再烤15分鐘。就這麼烤了60分鐘，還沒跑完自動行程正規的70分鐘，烤雞就全熟了（j）。

14. 將烤雞再次塗抹雞汁和雞油後，放上已經盛裝了蔬菜的深烤盤。再沾取黑色烤盤上的雞油與雞汁，刷一下蔬菜（k）。

15. 將深烤盤整個移到揉麵墊旁，把麵皮覆蓋上整個深烤盤，並將麵皮與深烤盤四周黏緊。

16. 手動設定「熱風烘烤」（オーブン）→ 予熱有 → 2段 → 160℃ → 20分。10分鐘後，打開爐門，把烤盤轉180度，讓麵皮烤色可以均勻一點（l）。

17. 取出全能料理爐後，沿著邊邊劃開麵皮，可用麵包沾取底層的雞汁一起享用。

08 油蔥雞

操作模式：微波（レンジ）

手動決定 → 微波（レンジ）
→ 600 W 10分
→ 800 W 2分

加水槽：無
使用器皿：可微波耐熱皿
擺放位置：白盤上

【材料】（3-4人份）　　**【調味料】**

去骨雞腿2隻切塊　　　　**醃　料**
食用油1大匙　　　　　　鹽少許
蔥2根刨絲　　　　　　　米酒1大匙
老薑2片切長條
辣椒1根刨絲

【作法】

1. 雞肉洗淨後，直接放上可微波耐熱皿，塗上米酒，再灑上一層薄薄的鹽（a），放入冰箱冷藏約30-60分備用。

2. 取一張烘焙紙，裁剪成微波容器大小，再略小一點點，中間剪個十字的洞，覆蓋在雞肉上（b），放入全能料理爐，手動設定「微波」（レンジ）→ 600W → 10分。

3. 薑絲、蔥絲與辣椒絲放入大碗中，加入1/4小匙鹽，拌勻（c）。

4. 雞肉微波完成，取出雞肉，放入乾淨的盤子。

5. 將一大匙的油倒入可微波的碗中，放入全能料理爐，手動設定「微波」（レンジ）→ 800W → 2分。

6. 微波結束後，取出油，由於此時微波過的油非常燙，請務必要戴手套拿取，避免燙傷，倒入作法3的大碗中，稍加攪拌（d）。

7. 將完成的蔥油，淋入雞肉，就完成了。

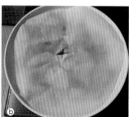

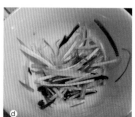

09 洋蔥紅酒燒雞

操作模式：微波（レンジ）中繼加熱

| 手動 決定 | → 微波（レンジ） |
| → 800 W |
| → 2分＋4分 |

中繼加熱

| 手動 決定 | → 微波（レンジ） |
| → 800 W |
| → 3分 |
| → 轉200 W |
| → 10分 |

加水槽：無
使用器皿：小綠鍋或無水調理鍋
擺放位置：白盤上

【材料】（3-4人份）

雞里肌肉600g
洋蔥半顆（切條狀）
蒜頭5瓣（切片狀）
橄欖油2小匙

【調味料】

雞肉醃料
太白粉2小匙
醬油1小匙
鹽1/4小匙
黑胡椒粉1/4小匙

紅酒醬
紅酒2大匙
醬油1大匙
蜂蜜1小匙
九層塔3葉搗碎

【作法】

1. 把雞肉切小塊，放入拌勻的雞肉醃料（a），抓勻後放冰箱醃30分鐘。
2. 紅酒醬材料拌勻備用（b）。
3. 將橄欖油倒入小綠鍋，加入洋蔥與蒜頭（c）。蓋上鍋蓋後放入全能料理爐，手動設定「微波」（レンジ）→ 800W → 2分，爆香。
4. 取出小綠鍋，加入醃製好的雞肉，並倒入紅酒醬汁（d），蓋上蓋子。手動設定「微波」（レンジ）800 W → 4分。
5. 取出後，雞肉呈現半熟狀態，稍微攪拌一下（e），蓋上鍋蓋後放入全能料理爐，手動設定「微波」（レンジ）→ 800 W → 3分 → 接著再連按2下「手動／決定」，會看到螢幕顯示200W → 按一下「手動／決定」，以旋轉鈕設定時間10分鐘，全部設定完成後，按下啟動鍵。

10 香菇肉燥

操作模式：微波（レンジ）中繼加熱

手動決定	→	微波（レンジ）
	→	800 W
	→	2分＋2分＋5分

中繼加熱

手動決定	→	微波（レンジ）
	→	800 W
	→	3分
	→	轉200 W
	→	10分

加水槽：無
使用器皿：小綠鍋或無水調理鍋
擺放位置：白盤上

【作法】

1. 香菇泡軟切末，蒜頭切末，放入小綠鍋，加入1小匙橄欖油（a）。蓋上鍋蓋後放入全能料理爐，手動設定「微波」（レンジ）→ 800W → 2分，爆香。

2. 取出爆香完成的香菇末與蒜末，加入豬絞肉後拌炒一下（b）。蓋上鍋蓋後放入全能料理爐，手動設定「微波」（レンジ）→ 800W → 2分。

3. 取出微波容器，加入米酒，拌炒一下再加入醬油及水拌勻（c）。

4. 加入冰糖、白胡椒粉及油蔥酥拌勻。蓋上鍋蓋後放入全能料理爐，手動設定「微波」（レンジ）→ 800W → 5分。

5. 取出後，趁湯汁還在滾時，加入1大匙花生醬，快速拌勻（d）。

6. 蓋上鍋蓋後放入全能料理爐，手動設定「微波」（レンジ）→ 800W → 3分 → 接著再連按2下「手動／決定」，會看到螢幕顯示200W → 按一下「手動／決定」→ 旋轉鈕設定時間10分鐘，全部設定完成後，按下啟動鍵。

【材料】
豬絞肉300g
香菇5朵
蒜頭2瓣

【調味料】
米酒50ml
醬油100ml
水300ml
冰糖1小匙
白胡椒粉1小匙
油蔥酥2大匙
花生醬1大匙

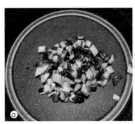

11 百變肉燥──麻婆豆腐

操作模式：微波（レンジ）

手動
決定
→ 微波（レンジ）
→ 800 W
→ 4分

加水槽：無
使用器皿：可微波耐熱皿、耐熱保鮮膜
擺放位置：白盤上

【材料】（3-4人份）　【調味料】

青蔥3枝切末　　　　辣豆瓣醬1大匙
肉燥1大碗
豆腐1盒

【作法】

1. 取可微波耐熱皿，加入切末的青蔥，拌入肉燥，再加入辣豆瓣醬拌勻（a）。

2. 接著放入切塊的豆腐（b）。

3. 用耐熱保鮮膜蓋上，留下一個通風口（c）。放入全能料理爐，手動設定「微波」（レンジ）
   → 800W → 4分。

4. 出爐後，拌勻。

12 百變肉燥──蒼蠅頭

操作模式：微波（レンジ）

手動決定	→	微波（レンジ）
	→	800 W
	→	3分30秒

加水槽：無
使用器皿：小紅鍋或無水調理鍋
擺放位置：白盤上

【材料】（3-4人份）　　【調味料】
韭菜花1把　　　　　　辣豆瓣醬1大匙
辣椒2根
豆豉1大匙
肉燥1小碗

【作法】

1. 把韭菜花與辣椒切末（a）。

2. 所有材料一起放入小紅鍋中，稍微拌勻後（b），蓋上鍋蓋。放入全能料理爐，手動設定「微波」（レンジ）→ 800W → 3分30秒。

3. 完成取出後，再稍微拌一下就好囉！

a

b

13 百變肉燥——螞蟻上樹

操作模式：微波（レンジ）

手動
決定 → 微波（レンジ）
→ 800 W
→ 3分30秒

加水槽：無
使用器皿：小紅鍋或無水調理鍋
擺放位置：白盤上

【材料】（1-2人份）　　【調味料】

冬粉1束　　　　　　　辣豆瓣醬1大匙
蔥2根　　　　　　　　香油1小匙
肉燥1小碗

【作法】

1. 粉絲泡水，蔥切末。

2. 粉絲放入小紅鍋內，用剪刀稍微剪斷（a）。

3. 所有材料一起放入鍋中，稍微拌勻後（b），蓋上鍋蓋。放入全能料理爐，手動設定「微波」
   （レンジ）→ 800W → 3分30秒。

4. 完成取出後，再稍微拌一下（c）。

材料

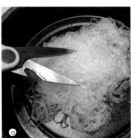

a

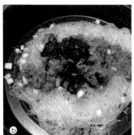

b

c

14 肉燥空心菜

操作模式：12 葉.果菜

溫熱開始 ➡ 12 葉.果菜

加水槽：無
使用器皿：耐熱保鮮膜
擺放位置：白盤上

【材料】〔3-4人份〕

空心菜1把
肉燥1小碗

【作法】

1. 空心菜切段（a）。
2. 用耐熱保鮮膜包起來（b），放入全能料理爐。轉動旋轉鈕至「12 葉.果菜」按下啟動。
3. 微波完成後盛盤（c）。
4. 淋上肉燥就完成了。

15 肉絲蛋炒飯

操作模式：微波（レンジ）

手動	→	微波（レンジ）
決定	→	800 W 2分
	→	600 W 5分

加水槽：無
使用器皿：小紅鍋或無水調理鍋
擺放位置：白盤上

【材料】 1人份 【調味料】

白飯1碗　　　　　香油2小匙
豬肉絲50g　　　　鹽少許
雞蛋1顆　　　　　蠔油1大匙
香菇1朵　　　　　香油2小匙
青蔥2根　　　　　粗粒黑胡椒
食用油1小匙　　　（依各人喜好添加）

【作法】

1. 香菇泡軟後剪成丁狀，青蔥切末備用。

2. 小紅鍋中放入1小匙食用油，用矽膠鏟稍微抹一下小紅鍋底，再將豬肉絲放入，蓋上鍋蓋，放入全能料理爐。手動設定「微波」（レンジ）→ 800W → 2分。

3. 等待微波時，調味白飯。將調味料的1小匙香油與白飯拌勻，之後再加入鹽拌勻（a）。

4. 取出微波完成的豬肉絲，鍋內還有餘溫，用矽膠鏟拌炒後（b），往邊邊排列一圈（c）。

5. 把調味過的白飯鋪在豬肉絲上，再放上香菇丁與青蔥末（d）。

6. 把蠔油與1小匙香油拌勻，淋到鍋內的食材上（e）。

7. 最後把打散的蛋液倒入中央區（f），蓋上鍋蓋，放入全能料理爐。手動設定「微波」（レンジ）→ 600W → 5分。

8. 取出微波完成的肉絲蛋炒飯，用矽膠鏟快速拌炒後（g），灑上黑胡椒粒即可。

16 炒海瓜子

操作模式：微波（レンジ）

手動
決定 → 微波（レンジ）
→ 800 W 1分30秒
→ 600 W 8分

加水槽：無
使用器皿：小紅鍋或無水調理鍋
擺放位置：白盤上

【材料】（3-4人份）

海瓜子約250g
蒜頭4瓣
辣椒1小條
油1小匙
醬油1小匙
米酒1大匙
九層塔適量

TIPS

※ 如果使用小紅鍋或小綠鍋的話，請
調整為600 W 10分。

【作法】

1. 海瓜子洗淨，備用。

2. 無水調理鍋加入1小匙油，放入蒜頭、辣椒（a）。蓋上鍋蓋後放入全能料理爐，手動設定
「微波」（レンジ）→800W → 1分30秒，爆香。

3. 取出無水調理鍋，加入醬油、米酒（b），再放入海瓜子，蓋上鍋蓋，放入全能料理爐。手
動設定「微波」（レンジ）→600 W → 8分。

4. 完成後取出無水調理鍋，打開蓋子，快速放入九層塔後（c），蓋上蓋子燜2分鐘。

5. 掀開蓋子後，攪拌一下，就可以盛盤。

17 高麗菜肉捲

操作模式：微波（レンジ）

手動決定 ➝ 微波（レンジ）
➝ 600 W
➝ 3分

手動決定 ➝ 熱風烘烤（オーブン）
➝ 予熱有
➝ 1段
➝ 200℃
➝ 15分

加水槽：有
使用器皿：
美亞神奇微波壓力鍋（第一代）或
美亞新時尚神奇微波壓力鍋（第二代）、
鐵製中型深烤皿
擺放位置：白盤上，中層

【作法】

1. 將作為調味料的醬油、香油、鹽、黑胡椒粉拌勻，加入蔥末、蘿蔔末與豬絞肉，一起拌勻（a）。

2. 高麗菜葉放入微波壓力鍋，加入1大匙水（b）。蓋上鍋蓋後放入全能料理爐，手動設定「微波」（レンジ）➝ 600 W ➝ 3分。

3. 取出微波完成的高麗菜，攤開。放上混勻的豬絞肉（c），先由下往上捲，再將兩旁往中間收，最後捲起，就完成了（d）。

4. 放入鐵製中型深烤皿（e），淋上番茄醬，灑上粗粒黑胡椒（f）。手動設定「熱風烘烤」（オーブン）➝ 予熱有 ➝ 1段 ➝ 200℃ ➝ 15分。

5. 預熱結束聲響起後，把烤皿放入全能料理爐，按下啟動鍵，進行烘烤，就完成了（g）。

【材料】（3-4人份）

高麗菜3葉
豬絞肉200g
蔥2根
蘿蔔半條

【調味料】

醬油1大匙
香油1/2小匙
鹽少許
黑胡椒粉1/2小匙
罐裝番茄醬3大匙
粗粒黑胡椒少許

18　煎秋刀魚

操作模式：微波（レンジ）

手動
決定
→　微波（レンジ）
→　800 W
→　4分＋4分

加水槽：無
使用器皿：小橘鍋或無水調理鍋
擺放位置：白盤上

【材料】（3-4人份）　【調味料】

秋刀魚2尾　　　　　鹽少許
食用油1大匙
檸檬1/2顆

【作法】

1. 將食用油倒入小橘鍋後，稍微塗抹均勻，再放入去頭的秋刀魚，並灑上鹽（a）。

2. 蓋上鍋蓋，放入全能料理爐。手動設定「微波」（レンジ）→ 800W → 4分。

3. 微波結束，取出小橘鍋，把秋刀魚翻面（b）。蓋上鍋蓋，放入全能料理爐。再一次手動設定
   「微波」（レンジ）→ 800W → 4分。

4. 出爐後擠上檸檬汁即可。

19 香菇蛤蜊排骨湯

操作模式：微波（レンジ）

手動
決定
→ 微波（レンジ）
→ 800 W 5分
→ 600 W 17分＋3分

加水槽：無
使用器皿：可微波耐熱皿、小綠鍋或無水調理鍋
擺放位置：白盤上

【材料】（5-6人份）　　【材料】

豬小肋骨一盒約360g　　蛤蜊湯塊1塊
香菇5朵
蛤蜊300g
薑數片

【作法】

1. 豬小肋骨放在可微波耐熱皿，放一片薑片，加水蓋過豬小肋骨（a）。取一張烘焙紙，中間剪十字蓋在豬肋骨上面（b）。

2. 放入全能料理爐，手動設定「微波」（レンジ）→ 800W → 5分，汆燙豬小肋骨。時間到了就取出，把水倒掉，再以冷水沖洗一下豬小肋骨。

3. 把汆燙過的豬小肋骨、泡軟的香菇、薑片、蛤蜊湯塊、水800ml，一起放入小綠鍋內。蓋上鍋蓋，放入全能料理爐，手動設定「微波」（レンジ）→ 600 W → 17分。

4. 時間到了就取出小綠鍋，加入蛤蜊，蓋上鍋蓋，放入全能料理爐，手動設定「微波」（レンジ）600W → 3分，即可完成（c）。

材料

a

b

c

20 菜頭排骨腐竹湯

操作模式：微波（レンジ）

手動決定 ➡ 微波（レンジ）
➡ 800 W 5分
➡ 600 W 15分
➡ 燜10分

加水槽：無
使用器皿：可微波耐熱皿、
美亞神奇微波壓力鍋（第一代）或
美亞新時尚神奇微波壓力鍋（第二代）
擺放位置：白盤上

【材料】(5-6人份)	【材料】
豬小肋骨一盒約360g	豬高湯塊1塊
菜頭小條的1條	
腐竹少許	
水800ml	

【作法】

1. 豬小肋骨放在可微波耐熱皿，加水蓋過豬小肋骨（a），取一張烘焙紙，中間剪十字蓋在豬小肋骨上面（b）。

2. 放入全能料理爐，手動設定「微波」（レンジ） 800W → 5分鐘，汆燙排骨。時間到了就取出，把水倒掉，再以冷水沖洗一下豬小肋骨。

3. 把汆燙過的豬小肋骨（c）、切塊的菜頭、腐竹（d）、高湯塊、水，一起放入微波壓力鍋內。

4. 把蒸盤放入，壓在食材上，這樣可以讓腐竹完全浸泡在湯裡面（e）。蓋上鍋蓋，放入全能料理爐，手動設定「微波」（レンジ）→ 600W → 15分。

5. 時間到了就取出壓力鍋，燜10分即可。

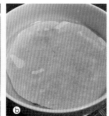

21 山藥蒜頭雞湯

操作模式：微波（レンジ）

手動 決定	→	微波（レンジ）
	→	600 W
	→	5分＋12分＋4分

加水槽：無
使用器皿：
美亞神奇微波壓力鍋（第一代）或
美亞新時尚神奇微波壓力鍋（第二代）
擺放位置：白盤上

【材料】（2人份）　　　【調味料】

雞大腿1隻　　　　　　　鹽少許
蒜頭約15顆
臺灣山藥約300g
枸杞1小把
薑片數片

【作法】

1. 雞腿放入微波壓力鍋，加入1杯水，放入薑片（a）。蓋上鍋蓋，放入全能料理爐。按一下「手動／決定」設定「微波」（レンジ）→ 600 W → 5分，汆燙雞肉。

2. 時間到了就取出壓力鍋，等壓力顯示閥下降，打開鍋蓋後把壓力鍋內的水倒掉，再以冷水沖洗一下雞肉。

3. 把汆燙過的雞肉、水600ml、蒜頭，一起放入微波壓力鍋內（b）。蓋上鍋蓋，放入全能料理爐，手動設定「微波」（レンジ）→ 600W → 12分。

4. 時間到了就取出壓力鍋，等壓力顯示閥下降打開鍋蓋，加入山藥與枸杞（c）。蓋上鍋蓋，放入全能料理爐，手動設定「微波」（レンジ）600W → 4分。微波時間結束後取出壓力鍋，確定壓力顯示閥下降之後，再打開鍋蓋，即可完成（d）。

22 醬燒蔥鱈魚

操作模式：微波（レンジ）

手動 決定	⟶	微波（レンジ）
	⟶	800 W
	⟶	2分＋3分30秒＋3分

加水槽：無
使用器皿：小紅鍋或無水調理鍋
擺放位置：白盤上

【材料】(2-3人份)　　【調味料】

鱈魚1片　　　　醬油2大匙
蔥2根　　　　　米酒1大匙
薑1小塊切片　　味醂1大匙
食用油1大匙　　糖1小匙

【作法】

1. 鱈魚洗淨擦乾，放入深盤中。將調味料拌勻後，淋到鱈魚上面（a），放入冰箱醃30分鐘，中途拿出來翻面一次。

2. 小紅鍋加入1大匙油（b），蓋上鍋蓋，放入全能料理爐手動設定「微波」（レンジ）→ 800 W → 2分。

3. 熱油完成，將鱈魚從盤中取出，放入小紅鍋中，並鋪上薑片（c），會有點噴油，請小心。蓋上鍋蓋，放入全能料理爐，手動設定「微波」（レンジ）→ 800W → 3分30秒。

4. 微波結束，取出小紅鍋，用矽膠鏟把鱈魚翻面，並將原本醃鱈魚的醃醬淋上鱈魚，鋪上蔥段（d），蓋上鍋蓋，放入全能料理爐，手動設定「微波」（レンジ）→ 800W → 3分。

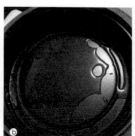

23 鹽釜燒魚

操作模式：**熱風烘烤**（オーブン）

手動 決定	→	熱風烘烤（オーブン）
	→	予熱有
	→	1段
	→	200℃
	→	30分

加水槽：無
使用器皿：黑色烤盤
擺放位置：中層

【材料】（2、3人份）
鱸魚1尾（或其他有魚皮的整尾魚）
精鹽 約500g

【調味料】
黑胡椒大蒜香料

【作法】

1. 把黑胡椒大蒜香料放入魚肚中。黑色烤盤底部先鋪一層鹽，再把魚放上去（a）。

2. 把剩餘的鹽放上去，將整條魚完整包覆後，雙手輕壓鹽，讓鹽更緊實地跟魚貼合。魚尾巴與魚鰭都要包好，才不會烤出燒焦味（b）。

3. 放入全能料理爐，手動設定「熱風烘烤」（オーブン）→ 予熱有 → 1段 → 200℃ → 30分。預熱完成提示音響起，即可將烤盤放入，並按下啟動。

4. 烘烤結束後取出，魚上方的鹽層有點硬（c），將鹽層敲破，把魚皮掀掉，就可以享用這美味的鹽釜燒魚！

24　快燉馬鈴薯咖哩

操作模式：13 根菜＋微波（レンジ）

 溫熱開始 → 13 根菜

 手動決定 → 微波（レンジ）

→ 600 W

→ 4分

加水槽：無

使用器皿：

耐熱保鮮膜、可微波耐熱皿

擺放位置：白盤上

【材料】（2-3人份）

馬鈴薯1顆
小的紅蘿蔔半條
大的杏鮑菇1顆
玉米筍3根
菜豆2條
水200ml
咖哩塊1個

TIPS

※ 可以換成任何喜歡的蔬菜。

【作法】

1. 將所有蔬菜切小塊（a）。

2. 取耐高溫、可微波使用的保鮮膜，將馬鈴薯與紅蘿蔔包在一起（b），直接放進全能料理爐。旋轉鈕轉至「13 根菜」，按下啟動。

3. 完成後取出，將馬鈴薯與紅蘿蔔與所有蔬菜一起放到可微波耐熱皿內，倒入水，再放入咖哩塊（c）。把可微波耐熱皿放入全能料理爐，手動設定「微波」（レンジ）→ 600W → 4分。

4. 微波結束，取出拌勻就完成了！

材料

a

b

c

25 家常蔥爆牛肉

操作模式：微波（レンジ）

手動決定	→	微波（レンジ）
	→	800 W
	→	2分＋2分30秒＋2分

加水槽：無
使用器皿：小紅鍋或無水調理鍋
擺放位置：白盤上

【材料】（3-4人份）	【調味料】
牛肉片200g	雞蛋1顆
青蔥5根	米酒1小匙
辣椒1條	太白粉1小匙
薑3-4片	食用油2小匙
大蒜2瓣	蠔油2.5大匙

【作法】

1. 把作為調味料的蛋打散與米酒及太白粉拌勻，放入牛肉片醃30分（a）。

2. 青蔥切段，蔥白蔥綠分開，蔥綠刨絲。

3. 小紅鍋加入2小匙食用油，放入青蔥、辣椒、薑、蒜（b），蓋上鍋蓋，放入全能料理爐。手動設定「微波」（レンジ）800W → 2分，爆香。

4. 微波結束後，取出小紅鍋，加入蠔油，攪拌一下，放入牛肉片（c）。蓋上鍋蓋，放入全能料理爐。手動設定「微波」（レンジ）800W → 2分30秒。

5. 微波結束後，取出小紅鍋，拌炒一下（d）。蓋上鍋蓋，放入全能料理爐。再一次手動設定「微波」（レンジ）800W → 2分。

6. 出爐後放上刨絲的青蔥即可。

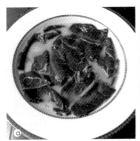

26 京醬肉絲烏龍麵

操作模式：微波（レンジ）

手動決定	→ 微波（レンジ）
	→ 500 W 3分
	→ 800 W 2分30秒＋4分

加水槽：無
使用器皿：小紅鍋或無水調理鍋
擺放位置：白盤上

【材料】（2人份）　　【醃料】
烏龍麵1包　　　　　醬油2小匙
豬肉絲100g　　　　米酒1小匙
食用油1小匙　　　　水1大匙
　　　　　　　　　　太白粉1/2小匙

【醬料】
甜麵醬1大匙
糖2小匙

【作法】

1. 將醃料全部放入碗中調勻備用，醬料也調勻備用。

2. 把豬肉絲放入醃料中（a），拌勻再放入冰箱醃20分-30分。

3. 將烏龍麵放大碗，加入可蓋過麵的水量，手動設定「微波」（レンジ）→ 500W → 3分，微波結束，將水濾掉，烏龍麵備用（b）。

4. 小紅鍋中放入1小匙食用油，放入醃製完成的豬肉絲（c），蓋上鍋蓋，放入全能料理爐。手動設定「微波」（レンジ）→ 800W → 2分30秒。

5. 取出微波完成的豬肉絲，拌炒一下，再加入調勻的醬料（d）。蓋上鍋蓋，放入全能料理爐。手動設定「微波」（レンジ）→ 800W → 4分。

6. 完成後，把京醬肉絲淋到烏龍麵上就完成了。

材料

27 泰式打拋豬肉麵

操作模式:微波（レンジ）

手動決定	→	微波（レンジ）
	→	800 W 2分
	→	600 W 3分 ＋5分

加水槽:無
使用器皿:小紅鍋或無水調理鍋
擺放位置:白盤上

【材料】 2-3人份	【調味料】
豬絞肉200g	米酒1大匙
麵條2束	醬油1大匙
蒜頭4瓣	魚露1大匙
辣椒1根	糖1小匙
九層塔一小把	檸檬1/4顆
小番茄3顆	

【作法】

1. 將蒜頭、辣椒切末，番茄切丁，將調味料的醬油、魚露、糖調勻備用。

2. 小紅鍋內放一小匙油再加入蒜末、辣椒末（a）。蓋上鍋蓋，放入全能料理爐。手動設定「微波」（レンジ）→ 800W → 2分，爆香。

3. 爆香完成，趁熱加入豬絞肉200g，拌炒一下（b）。蓋上鍋蓋，放入全能料理爐。手動設定「微波」（レンジ）→ 600W → 3分。

4. 微波結束，取出小紅鍋，熗入1大匙米酒拌炒，再倒入調勻的調味料再拌炒（c）。接著加入番茄（d），蓋上鍋蓋，放入全能料理爐。手動設定「微波」（レンジ）→ 600W → 5分。

5. 取出後快速加入九層塔立刻蓋上蓋子燜1分鐘，開蓋後拌炒一下再加入檸檬汁拌勻。

6. 在最後一次微波5分鐘開始時，就可以取冷水煮開後，加入麵條，煮熟後撈起，盛碗。

7. 最後把泰式打拋豬肉淋到麵條上，即完成！

材料

28 鮮蝦咖哩烤麵包盅

操作模式：揉麵（ねり）
　　　　　微波（レンジ）
　　　　　蒸氣＋熱風烘烤（スチーム＋オーブン）

| 手動暫停 | → | 126揉麵（126ねり） |
| | → | 5分＋15分 |

| 溫熱開始 | → | 13 根菜 |

手動暫停	→	微波（レンジ）
	→	600W
	→	4分

手動決定	→	蒸氣＋熱風烘烤（スチーム＋オーブン）
	→	30℃
	→	30分

手動決定	→	蒸氣＋熱風烘烤（スチーム＋オーブン）
	→	予熱有
	→	180℃
	→	18分

加水槽：有
使用器皿：耐熱烤皿、黑色烤盤、麵包鍋、耐熱保鮮膜
擺放位置：白盤上

【作法】

1. 將麵團材料除鹽外，全部放入麵包鍋（a），再將麵包鍋放入全能料理爐，設定「126揉麵」（126ねり）→ 5分（b）。

2. 結束後，加入2g鹽（c）。將鹽與酵母粉分開下鍋是為了避免鹽影響酵母的活性。將麵包鍋放入全能料理爐，設定「126揉麵」（126ねり）→ 15分（d）。

3. 將麵團取出，滾圓後，分為1大2小的麵團（e），滾圓後蓋上保鮮膜，室溫中直接進行第一次發酵30分鐘。

4. 將馬鈴薯、紅蘿蔔切小塊，菜豆切小段，玉米筍切小塊（f）。鮮蝦去殼，從中間縱切留尾段不切斷（g）。

5. 取耐高溫微波爐專用保鮮膜，將馬鈴薯與紅蘿蔔包起來（h），直接放入全能料理爐。旋轉扭轉至「13 根菜」，按下啟動。

6. 將微波完成的馬鈴薯、紅蘿蔔放入耐熱烤皿，再加入咖哩塊、玉米筍、菜豆、杏鮑菇與水（i），放入全能料理爐，設定「微波」（レンジ）→ 600W → 4分（j）。

7. 微波完成，取出攪拌均勻，咖哩就完成了（k）。這時候的馬鈴薯與紅蘿蔔已經非常鬆軟囉！ 準備蓋上麵皮前，再將鮮蝦擺入耐熱烤皿中（l）。

8. 將第一次發酵了30分鐘的麵團，擀成一片比碗的直徑還大的圓形麵皮（m），接著蓋到耐熱烤皿上（n）。

9. 把麵皮稍微與碗壓合，黏緊，放到黑色烤盤上，與另外兩個小饅包麵團一起放入全能料理爐進行第二次發酵（o）。

10. 全能料理爐設定發酵「蒸氣＋熱風烘烤」（スチーム＋オーブン）→ 30℃ → 30分（p）。發酵完成取出黑色烤盤（q）。

11. 全能料理爐設定「蒸氣＋熱風烘烤」（スチーム＋オーブン）→ 予熱有 → 180℃ → 18分（r）。

12. 出爐後（s），可用刀子劃十字掀開（t），此時會有蒸氣竄出，請小心！食用時，撕起麵包搭配香濃的咖哩！

【麵團材料】	【咖哩材料】
（2人份）	（2人份）
高筋麵粉100g	白蝦3尾
糖10g	馬鈴薯1顆
酵母粉1g	紅蘿蔔1小塊
水60g	咖哩塊1小塊
鹽2g	玉米筍3根
	菜豆2根
	杏鮑菇1顆
	水200ml

TIPS

※ 咖哩材料都可依自己的喜好搭配。

麵團材料　　　咖哩材料

29 麵包碗公

操作模式：揉麵（ねり）、
微波（レンジ）、
蒸氣＋熱風烘烤
（スチーム＋オーブン）

| 手動 暫停 | → | 126揉麵（126ねり） |
| | → | 5分＋15分 |

手動 決定	→	蒸氣＋熱風烘烤（スチーム＋オーブン）
	→	30℃
	→	50分

手動 決定	→	蒸氣＋熱風烘烤（スチーム＋オーブン）
	→	予熱有
	→	180℃
	→	20分

加水槽：有

使用器皿：耐熱烤皿、黑色烤盤

擺放位置：白盤上

【材料】（3-4人份）

高筋麵粉250g
糖20g
牛奶160g
鹽3g
酵母粉3g
奶油20g
蛋液半顆

【作法】

1. 將麵團材料除鹽外，全部放入麵包鍋，再將麵包鍋放入全能料理爐，設定126揉麵（126ねり）→ 5分。

2. 結束後，加入3g鹽。將鹽與酵母粉分開下鍋是為了避免鹽影響酵母的活性。將麵包鍋放入全能料理爐，設定126揉麵（126ねり）→ 15分。

3. 麵團完成後，取出滾圓，放入鋼盆，蓋上保鮮膜，進行第一次發酵40分鐘。

4. 將耐熱烤皿倒扣於桌上，取烘焙紙裁成正方型，蓋在耐熱烤皿上方，由烘焙紙的四個角往中間剪開（a）。

5. 把耐熱烤皿翻正，烘焙紙往內折（b），可以在角角的地方黏一小塊麵團，幫助固定（c）。然後把耐熱烤皿再次倒扣。

6. 開始擀麵團，將麵團擀成可以完全包覆耐熱烤皿的大圓型（d），蓋到耐熱烤皿上，放到黑色烤盤。

7. 黑色烤盤放進全能料理爐，設定發酵「蒸氣＋熱風烘烤」（スチーム＋オーブン）→ 30℃ → 50分。

8. 發酵完成，取出黑色烤盤，把蛋液塗到麵皮上（e）。

9. 全能料理爐設定「蒸氣＋熱風烘烤」（スチーム＋オーブン）→ 予熱有 →180℃→20分。

10. 烘烤10分鐘後，打開全能料理爐將黑色烤盤轉向180度，關上爐門後記得按一下開始鍵，再連按2下「強弱」（仕上）鍵，就能加入蒸氣2分鐘，加入蒸氣可以讓麵包表皮較酥脆一些。

11. 出爐後，放涼再取下，就完成可裝盛食物的麵包耐熱烤皿。

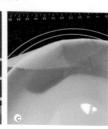

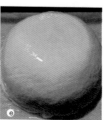

30 番茄海鮮粥

操作模式：微波（レンジ）

手動
決定

→ 微波（レンジ）
→ 600 W
→ 13分＋3分

加水槽：無
使用器皿：
美亞神奇微波壓力鍋（第一代）或
美亞新時尚神奇微波壓力鍋（第二代）
擺放位置：白盤上

【材料】：3-4人份
米1杯 （量杯刻度180）
水 630ml
牛番茄1顆
包心白菜小的1/2顆
蛤蜊湯塊1個
玉米少許
毛豆仁1小把
綜合海鮮盤（花枝、蝦仁、鯛魚片）
松葉蟹肉棒5根

TIPS

※ 海鮮材料可依喜好添加。

【作法】

1. 米洗淨放入微波壓力鍋，擺上番茄，放入白菜跟蛤蜊湯塊，倒入水（a）。蓋上鍋蓋，放入全能料理爐，手動設定「微波」（レンジ）→ 600W → 13分。

2. 海鮮很快就熟了，煮太久肉質會過老。等第一階段的粥煮好後，再加入海鮮續煮。

3. 作法1的微波時間結束後，取出微波壓力鍋，確定壓力顯示閥下降，打開鍋蓋。用筷子取出番茄皮，再用矽膠產品稍微拌一下粥（b）。

4. 接著把海鮮、毛豆仁、玉米粒全部放進去（c），攪拌一下。蓋上鍋蓋，放入全能料理爐，手動設定「微波」（レンジ）→ 600W → 3分。確定壓力顯示閥下降，打開鍋蓋即完成（d）。

材料

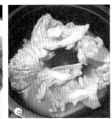
(a)

(b)

(c)

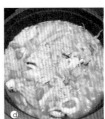
(d)

31 一鍋到底雞肉粥

操作模式：微波（レンジ）中繼加熱

中繼加熱

手動決定	→ 微波（レンジ）
	→ 600W
	→ 12分
	→ 轉 200W
	→ 7分

加水槽：無
使用器皿：
美亞神奇微波壓力鍋（第一代）或
美亞新時尚神奇微波壓力鍋（第二代）
擺放位置：白盤上

【材料】（3-5人份）

米1杯
水4杯
去骨雞腿排1塊
紅蘿蔔1小塊
嫩薑1小塊
香菇2朵
毛豆仁1小把
玉米粒半罐
雞湯塊1塊

【作法】

1. 去骨雞腿排切塊，紅蘿蔔切絲，嫩薑切絲，香菇泡軟切絲。
2. 白米洗淨放入微波壓力鍋，把所有材料加入放在米上面，加入水（a）。
3. 蓋上鍋蓋放入全能料理爐，手動設定「微波」（レンジ）→ 600W → 12分，接著再連按2下「手動／決定」→ 螢幕顯示200W → 按一下「手動／決定」，以旋轉鈕設定時間7分，全部設定完成後，按下啟動鍵。 如果全能料理爐無法設定兩段微波，就等第一段微波結束之後，再設定第二段微波。
4. 微波時間結束，取出微波壓力鍋，確定壓力顯示閥下降，打開鍋蓋即完成（b）。

材料

a

b

32　8分鐘醬燒雞翅

操作模式：微波（レンジ）

手動決定 → 微波（レンジ）
→ 600 W
→ 8分

加水槽：無
使用器皿：
美亞神奇微波壓力鍋（第一代）或
美亞新時尚神奇微波壓力鍋（第二代）
擺放位置：白盤上

【材料】（2人份）
三節翅2隻

【調味料】
醬油1大匙
味醂1大匙
糖1小匙
辣椒1/3條
七味唐辛子少許

【作法】

1. 把雞翅用刀稍微劃開，幫助入味（a）。
2. 把作為調味料的醬油、味醂、糖、辣椒，放入微波壓力鍋中拌勻。
3. 雞翅放入微波壓力鍋，均勻地沾上調味料，並用手搓揉一下，讓醬料滲入雞翅（b）。
4. 手動設定「微波」（レンジ）→ 600W → 8分。微波時間結束後，等壓力顯示閥下降就可以打開鍋蓋！
5. 盛盤後，灑上七味唐辛子。

材料

a

b

33 南洋風味蛤蜊鍋

操作模式：微波（レンジ）

手動決定 → 微波（レンジ）
→ 600W
→ 8分

加水槽：無
使用器皿：無水調理鍋
擺放位置：白盤上

【材料】（3-4人份）　　【調味料】

蛤蜊300g　　　　橄欖油1大匙
檸檬1/2顆　　　　白酒50ml
檸檬草2枝　　　　鹽少許
香菜1把
羅勒數片
薄荷葉數片
辣椒2根
薑1小塊

【作法】

1. 蛤蜊洗淨，放入大碗中，加入1大匙鹽，幫助吐沙。

2. 檸檬草切段，檸檬半顆切片，香菜把葉及根部分開，辣椒劃開，薑切片。

3. 先把蛤蜊放入無水調理鍋，接著放入除了香菜葉以外的所有香料及調味料（a）。

4. 蓋上鍋蓋，放入全能料理爐。手動設定「微波」（レンジ）→ 600 W → 8分。微波結束後，即可打開鍋蓋（b）。

5. 盛盤後放上香菜葉。

34 馬鈴薯燉豬頰肉

操作模式：微波（レンジ）中繼加熱

中繼加熱

手動 ⟶ 微波（レンジ）
決定 ⟶ 600 W
⟶ 10分
⟶ 轉200 W
⟶ 10分

加水槽：無
使用器皿：
美亞神奇微波壓力鍋（第一代）或
美亞新時尚神奇微波壓力鍋（第二代）
擺放位置：白盤上

【材料】3-4人份　　【調味料】
豬頰肉300g　　　　香菇湯塊1個
馬鈴薯2顆　　　　醬油2大匙
香菇3朵　　　　　砂糖1大匙
紅蘿蔔1/2根
洋蔥1/2顆
腐竹4片
水600ml

【作法】

1. 馬鈴薯與紅蘿蔔切塊，香菇泡水後對半切，洋蔥切絲。
2. 把馬鈴薯、香菇、紅蘿蔔、洋蔥、腐竹全部放入微波壓力鍋（a）。
3. 放上豬頰肉，淋入調味醬（b）。
4. 最後加入600ml水，蓋上蒸盤。
5. 蓋上鍋蓋後放入全能料理爐，手動設定「微波」（レンジ）→ 600W → 10分，接著再連按
   2下「手動決定」，會看到螢幕顯示200W，按一下「手動／決定」，以旋轉鈕設定時間10分
   鐘，全部設定完成後，按下啟動鍵。
6. 微波完成，等壓力顯示閥下降，即可打開鍋蓋。

材料

a

b

35 茶香蓮藕酒燉肉

操作模式：微波（レンジ）

手動
決定 → 微波（レンジ）
→ 600W
→ 12分

加水槽：無
使用器皿：
美亞神奇微波壓力鍋（第一代）或
美亞新時尚神奇微波壓力鍋（第二代）
擺放位置：白盤上

【材料】（3-4人份）　　【調味料】
豬里肌肉1塊約300g　　白酒100ml
蓮藕1節
蒜頭2瓣
紅茶包1包
粗粒黑胡椒少許
鹽少許
橄欖油1大匙

【作法】

1. 微波壓力鍋內放豬里肌肉切塊，加入切片的蒜頭、鹽與黑胡椒，用手稍微抓醃一下（a）。

2. 倒入橄欖油，放入紅茶包，鋪上蓮藕切片，再倒入白酒（b）。

3. 蓋上鍋蓋，放入全能料理爐。手動設定「微波 」（レンジ）→ 600W → 12分。

4. 出爐後，等待壓力顯示閥下降，即可打開鍋蓋。

36 雞柳蔬菜捲

操作模式：蒸氣+燒烤
（スチ ―ム＋グリル）

手動決定 ⟶ 蒸氣+燒烤
（スチ―ム＋グリル）
⟶ 15分

加水槽：有
使用器皿：燒烤盤
擺放位置：白盤上

【材料】 3-4人份 　　【調味料】

雞柳肉7塊　　　　　　鹽麴1大匙
洋蔥1/2顆
四季豆1小把

【作法】

1. 從雞柳左側1/3處劃開，但是不劃斷（a）。

2. 翻開後，將雞柳稍微立起（b），再沿著劃開處繼續往下劃，就完成了雞柳片。

3. 將鹽麴刷抹於雞柳片上（c）。

4. 放入切絲的洋蔥與切段的四季豆後捲起（d）。

5. 將燒烤盤放入全能料理爐，手動設定「蒸氣+燒烤」（スチ―ム ＋ グリル）→ 15分，即可。

37 多彩時蔬歐姆雷

操作模式：微波（レンジ）

| 手動 | → | 600 W |
| 決定 | → | 3分 + 3分 |

加水槽：無
使用器皿：
美亞神奇微波壓力鍋（第一代）或
美亞新時尚神奇微波壓力鍋（第二代）
擺放位置：白盤上

【材料】（2-3人份）　【調味料】
蛋2顆　　　　　　牛奶2大匙
火腿1片　　　　　橄欖油1大匙
黑木耳1小塊　　　米酒1小匙
青花椰菜3小朵　　粗粒黑胡椒少許
洋蔥1/4顆　　　　鹽少許

【作法】

1. 火腿、洋蔥、青花椰菜、黑木耳全部切丁，放入微波壓力鍋。加入橄欖油與米酒，灑上粗粒黑胡椒與鹽（a）。蓋上鍋蓋後放入全能料理爐，手動設定「微波」（レンジ）→ 600 W → 3分。

2. 蛋打散成蛋液，加入牛奶拌勻，灑入黑胡椒（b）。

3. 微波時間後結束取出微波壓力鍋，安全顯示閥下降後打開鍋蓋，倒入蛋液，稍微攪拌一下。蓋上鍋蓋後放入全能料理爐，手動設定「微波」（レンジ）→ 600 W → 3分。

4. 微波時間結束後取出微波壓力鍋，安全顯示閥下降後，即可打開鍋蓋。

材料

(a)

(b)

38 炸豬肉青蔥起司捲

操作模式：過熱水蒸氣 + 燒烤
　　　　　（過熱水蒸氣＋グリル）

 手動決定 ⟶ 過熱水蒸氣 + 燒烤
　　　　　　（過熱水蒸氣＋グリル）
⟶ 15分

加水槽：有
使用器皿：燒烤盤
擺放位置：白盤上

【材料】（2-3人份）　　【調味料】

豬里肌肉片6片　　　醬油1大匙
起司片3片　　　　　味醂1大匙
青蔥3根　　　　　　糖1小匙
麵粉2大匙
麵包粉2大匙
雞蛋1顆

［作法］

1. 調味料拌勻，把豬里肌肉片放入醃30分鐘。

2. 蔥切段，起司片切半（a）。

3. 把青蔥、起司片一起放到豬里肌肉片上（b），捲起後用牙籤固定。

4. 豬里肌肉捲沾取麵粉（c），再沾蛋液（d），最後沾取麵包粉（e）。

5. 將燒烤盤放入全能料理爐，手動設定「過熱水蒸氣 + 燒烤」（過熱水蒸氣＋グリル）→ 15
   分，出爐後就可完成了（f）。

83

39 炸豬肉菇菇蘆筍捲

操作模式：過熱水蒸氣 + 燒烤
（過熱水蒸氣＋グリル）

手動決定 → 過熱水蒸氣+ 燒烤
（過熱水蒸氣＋グリル）

→ 15分

加水槽：有
使用器皿：燒烤盤
擺放位置：白盤上

【材料】（3-4人份）　　【調味料】

豬里肌肉片　　　　　醬油1大匙
杏鮑菇2大支　　　　米酒1大匙
金針菇1大把　　　　糖1小匙
蘆筍1小把　　　　　蒜頭1瓣
麵包粉2大匙　　　　粗粒黑胡椒適量

【作法】

1. 調味料拌勻，把豬里肌肉片放入醃30分鐘。杏鮑菇切長條，蘆筍切段。

2. 把杏鮑菇、金針菇與蘆筍一起放到豬里肌肉片上（a），捲起後用牙籤固定。

3. 豬里肌肉捲沾滿麵包粉，放到燒烤盤上（b）。

4. 將燒烤盤放入全能料理爐，手動設定「過熱水蒸氣 + 燒烤」（過熱水蒸氣＋グリル）→ 15分。

材料

a

b

40 白酒茶香蘿蔔蓋肉

操作模式：微波

手動 決定	→ 微波（レンジ）
	→ 600 W
	→ 9分

加水槽：無

使用器皿：
美亞神奇微波壓力鍋（第一代）或
美亞新時尚神奇微波壓力鍋（第二代）

擺放位置：白盤上

【材料】（3-4人份）
蘿蔔1/2條
豬梅花肉片200g

【調味料】
醬油1大匙
味醂1大匙
糖1小匙
白酒100ml
紅茶包1個

【作法】

1. 把作為調味料的醬油、味醂、糖調勻，放入豬梅花肉片醃30分鐘（a）。

2. 白蘿蔔用削片器削薄片（b）。

3. 白蘿蔔片放入微波壓力鍋，從中間開始層層疊（c）。

4. 擺上肉片後（d），倒入肉片醃醬、白酒、紅茶包（e）。蓋上鍋蓋，放入全能料理爐。手動
   設定「微波」（レンジ）→ 600W → 9分。

5. 出爐後，等待壓力顯示閥下降，打開鍋蓋（f），將盤子倒蓋於壓力鍋上，快速翻轉壓力鍋
   （g），就能將蘿蔔肉倒扣至盤子上，就完成了（h）。

41 肉片焗時蔬馬鈴薯泥

操作模式：微波（レンジ）、
蒸氣＋熱風烘烤ス
（チーム＋オーブン）

 手動
決定 → 微波（レンジ）
→ 600 W
→ 6分

 手動
決定 → 蒸氣＋熱風烘烤
（スチーム＋オーブン）
→ 予熱有
→ 1段
→ 200℃
→ 12分

加水槽：有

使用器皿：鐵製中型深烤皿、黑色烤盤、
美亞神奇微波壓力鍋（第一代）或
美亞新時尚神奇微波壓力鍋（第二代）

擺放位置：白盤上、中層

【材料】 [3-4人份] 　【調味料】
豬里肌肉片6片　　粗粒黑胡椒少許
馬鈴薯1顆　　　　鹽少許
高麗菜1/3顆　　　橄欖油1大匙
木耳1小塊
豌豆1小把
乳酪絲1小碗

【作法】

1. 馬鈴薯去皮切塊，放入微波壓力鍋，加入1大匙水。手動設定「微波」（レンジ）→ 600 W
→ 6分，微波結束後，等待壓力顯示閥下降，打開鍋蓋。把馬鈴薯放入大碗，趁熱快速搗成
泥，加入適量鹽調味。

2. 深烤皿底部鋪烘焙紙，把馬鈴薯泥鋪於烘焙紙上（a），馬鈴薯泥上先鋪一層高麗菜，灑上少
許鹽（b）。

3. 接著把肉片、高麗菜、木耳、豌豆交錯擺入烤皿，灑上鹽及粗粒黑胡椒（c）。

4. 鋪上一層厚厚的乳酪絲（d）。

5. 手動設定「蒸氣＋熱風烘烤」（スチーム＋オーブン）→ 予熱有 → 1段 → 200℃ → 12分。

6. 預熱結束聲響，把深烤皿放上黑色烤盤，再放入中層（深烤皿一定要放烤盤上才能架上中
層），關上爐門，按下啟動即可。

42 白菜千層鍋

操作模式：微波（レンジ）

手動	→ 微波（レンジ）
決定	→ 600 W
	→ 12分

加水槽：無
使用器皿：無水調理鍋
擺放位置：白盤上

【材料】（3-4人份）　　【調味料】

大白菜1/2顆　　　　鹽少許
豬五花肉片10片　　醬油1小匙
米酒1大匙
水1大匙

【作法】

1. 大白菜將葉片取下，在葉片上鋪2片肉片後灑些許鹽（a）。

2. 重複作法1，總共疊5層。

3. 把疊好的白菜肉片切段後（b），放入無水調理鍋，再把米酒與醬油倒入鍋中（c）。

4. 蓋上鍋蓋，放入全能料理爐，手動設定「微波」（レンジ）→ 600 W → 12分。微波時間結
   束後，燜5分鐘，完成後盛盤。

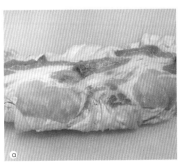

一鍋二菜
43-44 起司蝦、醋拌高麗菜

43

操作模式：微波（レンジ）

手動決定 → 微波（レンジ）
→ 600 W
→ 8分

加水槽：無
使用器皿：
美亞神奇微波壓力鍋（第一代）
擺放位置：白盤上

【起司蝦材料】（2-3人份）
蝦子6尾
乳酪絲適量
粗粒黑胡椒適量
鹽適量

【醋拌高麗菜材料】（2-3人份）
高麗菜1/4顆
火腿2片
鹽少許
白醋1小匙
水1大匙
粗粒黑胡椒少許

【作法】

1. 高麗菜切小片，火腿切條狀，與所有材料放入微波壓力鍋（a）。
2. 架上蒸盤。
3. 蝦子去頭後，對半縱切，擺上蒸盤，灑上鹽、乳酪絲及粗粒黑胡椒（b）。
4. 蓋上鍋蓋後放入全能料理爐，手動設定「微波」（レンジ）→ 600W → 8分。微波時間結束，等壓力顯示閥下降就可以打開鍋蓋！
5. 出爐後把蒸盤的起司蝦裝盤，再拌一下壓力鍋內的醋拌高麗菜就完成了。

44

45-46

一爐二菜
茄汁五香雞腿、茴香烤鯖魚

【茄汁五香雞腿材料】

（2-3人份）

雞腿2隻
花椰菜1/2顆
小番茄8-10顆
白芝麻少許

【醃醬】

番茄醬3大匙
五香粉1小匙
黑胡椒粉1/2小匙

【作法】

1. 前一晚先醃雞腿，把雞腿放入塑膠袋內，再加入拌勻的醃醬。把袋內的空氣擠出，讓雞腿能完全裹覆醃醬，入味。

2. 把醃好的雞腿放於深烤皿上，加入花椰菜與小番茄，再把袋內的醃醬擠出，塗抹於花椰菜上。

【茴香烤鯖魚材料】

（2-3人份）

鯖魚1/2尾
茴香菜1小把
精靈菇1小把

【醃醬】

檸檬胡椒鹽

【作法】

1. 先把精靈菇擺在深烤皿底部，再擺上茴香菜覆蓋。

2. 鯖魚的魚身稍微劃幾刀，放到茴香菜上，讓烤出來的精靈菇與鯖魚都帶有茴香味。

操作模式：過熱水蒸氣＋熱風烘烤
（過熱水蒸氣＋オーブン）

| 手動決定 | → 過熱水蒸氣＋熱風烘烤（過熱水蒸氣＋オーブン） |

→ 予熱有
→ 1段
→ 220℃
→ 20分
→ 10分後調降為200℃

加水槽：有
使用器皿：鐵製中型深烤皿、黑色烤盤
擺放位置：中層

【設定與烤盤擺放】

1. 手動設定「過熱水蒸氣＋熱風烘烤」（過熱水蒸氣＋オーブン）→ 預熱有 → 1段 → 220℃ → 20分，10分後，調降為200℃。

2. 把2道料理的深烤皿一起放到黑色烤盤上，再放入全能料理爐中層，關起爐門，按下啟動鍵。

3. 出爐後再把白芝麻灑上茄汁五香雞腿。

47-50 一鍋四菜
高麗菜飯、和風時蔬、鹽麴豬、涼拌雞絲小黃瓜

操作模式：微波（レンジ）

手動
決定
→ 微波（レンジ）
→ 600 W
→ 13分
→ 燜5分

....

加水槽：無
使用器皿：
美亞神奇微波壓力鍋（第一代）
擺放位置：白盤上

....

【高麗菜飯材料】（2-3人份）

米1杯
水1.2杯（水是米的1.2倍）
高麗菜1/4顆
香菇2朵
鹽少許

【和風時蔬材料】（2-3人份）

四季豆1小把
杏鮑菇大的一個
和風沙拉醬1大匙
七味唐辛子1/2小匙

【鹽麴豬材料】（2-3人份）

豬小里肌肉150g
鹽麴1大匙

【涼拌雞絲小黃瓜材料】

（2-3人份）

雞胸肉1塊
小黃瓜2根
鹽1小匙
砂糖1大匙
麻油1小匙
小辣椒1根

【作法】

1. 米洗淨，放入微波壓力鍋（a）。加入水後，鋪上香菇與高麗菜（b）（c），再放入蒸盤。

2. 四季豆切段，杏鮑菇切片後，平鋪於蒸盤上（d）。

3. 豬小里肌肉均勻地抹上鹽麴（e），用烘焙紙捲起，疊於時蔬上。

4. 雞胸肉塗抹些許鹽（f），用烘焙紙捲起，疊於時蔬上（g）。

5. 蓋上鍋蓋後放入全能料理爐（h），手動設定「微波」（レンジ）→ 600 W → 13分。

6. 趁微波時，準備涼拌小黃瓜。把小黃瓜切長段，放入玻璃帶蓋保鮮盒（i）。加入1大匙砂糖後蓋上蓋子，用手上下搖晃保鮮盒，讓小黃瓜均勻裹上糖。打開蓋子，加入麻油、辣椒、鹽，再次搖晃保鮮盒，讓所有材料混勻。

7. 微波結束，燜5分鐘後，打開鍋蓋（j）。

8. 取出鹽麴豬肉，切片擺盤（k）。

9. 取出雞胸肉，撕成雞絲條狀，放入保鮮盒（l），搖晃混勻後盛盤（m）。

10. 四季豆與杏鮑菇取出擺盤，淋上和風醬再灑上七味唐辛子粉調味（n）。

11. 拿起微波壓力鍋內的蒸盤，高麗菜飯就能直接上桌（o）。

51-53 一爐三菜
茴香雞腿排佐馬鈴薯、焗烤番茄糖心蛋、酥烤山藥牡蠣

操作模式：微波（レンジ）、
　　　　　熱風烘烤（オーブン）

手動決定 → 微波（レンジ）
　　　　 → 600 W
　　　　 → 6分

手動決定 → 熱風烘烤（オーブン）
　　　　 → 予熱有
　　　　 → 2段
　　　　 → 200℃
　　　　 → 15分

加水槽：無
使用器皿：美亞神奇微波壓力鍋（第一代）或美亞新時尚神奇微波壓力鍋（第二代）、不鏽鋼網架、鐵製中型深烤皿（加蓋子）、不沾深烤盤
擺放位置：白盤上、中層與下層

【茴香雞腿排佐馬鈴薯材料】
（2-3人份）
馬鈴薯2顆
雞腿排1片
茴香菜1把

【調味料】
鹽適量
黑胡椒大蒜香料2大匙

【作法】
1. 黑胡椒大蒜香料灑上雞腿排，醃30分鐘（a）（b）。
2. 馬鈴薯去皮切塊，放入微波壓力鍋，加入一大匙水。手動設定「微波」（レンジ）→ 600 W → 6分，微波結束，等待壓力顯示閥下降，打開鍋蓋。把馬鈴薯放入大碗（c），趁熱快速搗成泥，加入適量鹽調味（d）。
3. 深烤皿底部鋪烘焙紙（e），從大碗中取出一半的馬鈴薯泥，鋪於烘焙紙上（f）。
4. 放入不鏽鋼網架疊於馬鈴薯泥上，再放上醃製完成的雞腿排（g），並鋪上茴香（h）。
5. 底部的馬鈴薯可吸收烘烤時流下的雞汁，出爐再倒回大碗中與另一半馬鈴薯泥拌勻即可。

52

53

【焗烤番茄糖心蛋材料】
〔2-3人份〕

牛番茄3顆
蛋3顆
乳酪絲適量

【調味料】〔2-3人份〕

洋香菜葉適量
鹽適量

【作法】

1. 牛番茄底部削掉一些，幫助站立。從頭部1/4或1/5切開，保留切下來的部分當蓋子。挖空番茄內部並灑入一些鹽與洋香菜葉。

2. 把蛋打進番茄內，如果番茄比較小顆，就先把蛋黃跟蛋白分開，先放入蛋黃再慢慢填入蛋白。

3. 鋪上乳酪絲，放到不沾深烤盤。

【酥烤山藥牡蠣材料】
〔2-3人份〕

牡蠣20顆
海帶芽一小碗
山藥切2段各5公分長
奶油20公克
麵包粉1小碗
魚露2大匙

【作法】

1. 深烤皿底部塗上一層奶油。

2. 放入山藥，再放入牡蠣。

3. 剩餘的奶油拌入海帶芽，覆蓋於牡蠣上，淋入魚露。

4. 最後蓋上麵包粉。

【設定與烤盤擺放】

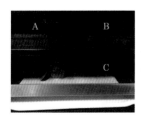

A. 酥烤山藥牡蠣　B. 茴香雞腿排佐馬鈴薯

C. 焗烤番茄糖心蛋

1. 手動設定「熱風烘烤」（オーブン）→ 予熱有 → 2段 → 200℃ → 15分。

2. 酥烤山藥牡蠣與茴香雞腿排佐馬鈴薯先蓋上深烤皿的上蓋，放入中層。

3. 焗烤番茄糖心蛋擺下層。

4. 10分鐘後，打開全能料理爐，拿掉酥烤山藥牡蠣與茴香雞腿排佐馬鈴薯的深烤皿的上蓋，關上爐門，再按啟動烤完最後5分鐘。

TIPS

※ 蓋上深烤皿的上蓋可幫助食材快熟，最後5分鐘取下上蓋，可以烤出表皮微酥的口感。

54-55 一爐二菜
紙包鮭魚綜合菇、焗烤牡蠣茭白筍

操作模式：**熱風烘烤（オーブン）**

手動決定
→ 熱風烘烤（オーブン）
→ 予熱有
→ 1段
→ 200℃
→ 15分

加水槽：無
使用器皿：鐵製中型深烤皿（加蓋子）
擺放位置：中層

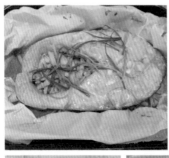

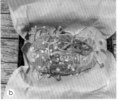
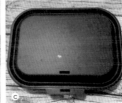

【紙包鮭魚綜合菇材料】（2-3人份）

鮭魚1片
金針菇1小把
鴻禧菇1小把
蔥2枝

【調味料】

鹽麴1大匙
橄欖油1小匙

【作法】

1. 蔥白切末，蔥綠刨絲備用。
2. 烤皿鋪上大張烘焙紙，放上金針菇與鴻禧菇，刷上鹽麴（a）。
3. 把鮭魚放入綜合菇上，刷上鹽麴，灑入蔥白，並放上蔥絲（b）。
4. 把烘焙紙折起，完全包覆鮭魚。
5. 蓋上深烤皿的上蓋（c）。

【焗烤牡蠣茭白筍材料】

（2-3人份）

牡蠣20顆
茭白筍1枝
青花椰菜1/4朵
低筋麵粉20克
乳酪絲適量

【調味料】

鹽麴1大匙
橄欖油1大匙
起司粉少許
鮮奶油2大匙

【作法】

1. 深烤皿塗上橄欖油，青花椰菜切小小朵，茭白筍切細段，鋪於深烤皿上。
2. 牡蠣沾麵粉後（a），鋪於蔬菜上（b）。
3. 塗上鹽麴，倒入鮮奶油（c）。
4. 灑上乳酪絲及起司粉（d）。

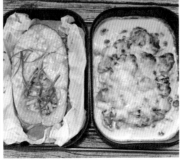

【設定與烤盤擺放】

1. 手動設定「熱風烘烤」（オーブン）→ 予熱有 → 1段 → 200℃ → 15分。
2. 紙包鮭魚綜合菇蓋上深烤皿的上蓋，焗烤牡蠣不蓋深烤皿的上蓋，一起放入中層。

TIPS

※ 紙包鮭魚蓋上深烤皿的上蓋可烤出蒸的效果，焗烤牡蠣不蓋深烤皿的上蓋可以烤出起司熱溶微焦的口感。

56-58

一爐三菜
咖哩風味彩椒鑲肉、酥炸草蝦、酥炸千層豬肉捲

56

58

57

操作模式：過熱水蒸氣＋熱風烘烤
（過熱水蒸氣＋オーブン）

手動
決定 過熱水蒸氣＋熱風烘烤
（過熱水蒸氣＋オーブン）

20分

加水槽：有
使用器皿：黑色烤盤、不鏽鋼網架
擺放位置：上層與下層

ⓐ

ⓑ

材料

【咖哩風味彩椒鑲肉材料】
（2-3人份）
豬絞肉100g
彩椒2個
蒜頭1瓣
羅勒數葉
麵包粉1大匙
太白粉1小匙

【調味料】

鹽適量
昆布醬油1大匙
黑胡椒適量
咖哩粉1小匙

【作法】

1. 彩椒從2/3處切開，拿掉裡面的
   籽，成為彩椒盅。
2. 蒜頭與羅勒切末，拌入豬絞肉，再
   加入所有的調味料拌勻。
3. 加入太白粉拌勻，再加入麵包粉抓
   勻（a）。
4. 填入彩椒盅（b）。

材料

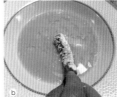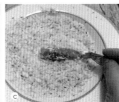

a　b　c

【酥炸草蝦材料】〔2-3人份〕
草蝦6尾
雞蛋1顆
麵粉1大匙
麵包粉2大匙

【調味料】

鹽少許
洋香菜1小匙
粗粒黑胡椒少許

【作法】

1. 蝦子去頭、去殼，留尾段（a）。

2. 將蝦子腹部橫切，斷筋。

3. 灑上黑胡椒粒與鹽後，裹上麵粉，沾取蛋液（b）。

4. 再裹上拌入洋香菜葉的麵包粉（c）。

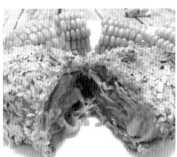

材料

【酥炸千層豬肉捲材料】〔2-3人份〕
豬梅花薄肉片8片
起司2片
火腿2片
雞蛋1顆
麵粉1大匙
麵包粉2大匙

【調味料】

鹽少許
洋香菜1小匙
粗粒黑胡椒少許

【作法】

1. 取2片梅花肉片，攤開，稍微交疊，灑上黑胡椒粒與鹽，再疊上2片梅花肉片，灑上黑胡椒粒與鹽。

2. 火腿與起司對半切，擺放於梅花肉片上，重複作法1-2後，捲起成豬肉捲（a）。

3. 裹上麵粉，沾取蛋液（b），再裹上拌入洋香菜葉的麵包粉（c）。

a　b　c

【設定與烤盤擺放】

A. 酥炸草蝦　B. 酥炸千層豬肉捲

C. 彩椒鑲肉

1. 手動設定「過熱水蒸氣＋熱風烘烤」（過熱水蒸氣＋オーブン）→ 予熱有 → 200℃ → 20分。

2. 酥炸草蝦與酥炸千層豬肉捲放在不鏽鋼網架上，放入上層。

3. 彩椒鑲肉放在黑色烤盤上擺在下層。

4. 8分鐘後，打開烤箱，取出酥炸草蝦，關上爐門，再按啟動烤完最後12分鐘。

2-2 不費時，一爐多菜快速方便

一爐三菜

59-61 青醬牛排、鹽烤喜相逢、酥炸里肌生火腿捲

59

【青醬牛排材料】

〔2-3人份〕

沙朗牛排2塊

【調味料】

鹽少許
青醬2大匙

【作法】

1. 沙朗牛排放上不鏽鋼
網架，灑上些許鹽。
2. 塗上青醬。

操作模式：熱風烘烤→
過熱水蒸氣＋熱風烘烤

手動決定	→ 熱風烘烤（オーブン）
	→ 予熱有
	→ 2段
	→ 220℃
	→ 7分

手動決定	→ 過熱水蒸氣＋熱風烘烤（過熱水蒸氣＋オーブン）
	→ 予熱無
	→ 1段
	→ 200℃
	→ 13 分

加水槽：有
使用器皿：黑色烤盤、不鏽鋼網架、
鐵製中型深烤皿
擺放位置：上層與下層
（取出牛排後，再將下層的食物移到中層）

60

【鹽烤喜相逢材料】

〔3-4人份〕

喜相逢9尾
四季豆1小把
玉米筍數枝

【調味料】

鹽少許
檸檬1/4顆
柚子味噌1大匙
黑胡椒粉適量

【作法】

1. 四季豆直接放入深烤皿，玉
米筍切小塊，放入深烤皿，
塗上柚子味噌醬。
2. 喜相逢兩面灑上鹽後放入深
烤皿，再灑上黑胡椒粉。

61

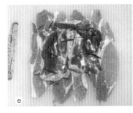

【酥炸里肌生火腿捲材料】

（2-3人份）

生火腿2片
豬里肌肉片6片
蘋果1顆
麵包粉2大匙
橄欖油1小匙

【調味料】

白酒50ml
起司粉少許
迷迭香少許

【作法】

1. 蘋果去皮切塊，浸泡白酒（a）。
2. 麵包粉加入橄欖油拌勻，再加入起司粉（b）（c）。
3. 取3片豬里肌肉攤開，邊邊稍微重疊（d）。
4. 放上生火腿，再放上迷迭香後捲起（e），與酒漬後的蘋果一起放入烤盤（f）。
5. 把作法2的麵包粉均勻鋪蓋於豬肉捲上，上方再擺上迷迭香。

【設定與烤盤擺放】

A

B　C

| A. 青醬牛排 | |
| B. 酥炸里肌生火腿捲 | C. 鹽烤喜相逢 |

1. 手動設定「熱風烘烤」（オーブン）→ 予熱有 → 2段 → 220℃ → 7分
2. 青醬牛排放不鏽鋼網架上，放入上層。
3. 裝酥炸里肌生火腿捲與鹽烤喜相逢的深烤皿放到黑色烤盤上，擺下層。
4. 7分鐘後，打開烤箱，取出青醬牛排後，再把酥炸里肌生火腿捲與鹽烤喜相逢移到中層。
5. 手動設定「過熱水蒸氣＋熱風烘烤」（過熱水蒸氣＋オーブン）→ 予熱無 → 1段 → 200℃ → 13分。

TIPS

※ 青醬牛排烤7分鐘大約5分熟，如果想吃熟一點的，可以依喜好熟度延長出爐時間，

※ 移到中層後，因為烤箱內溫度還很高，所以第二階段設定就不需再次預熱，更改為「過熱水蒸氣＋熱風烘烤」（過熱水蒸氣＋オーブン），可排出食物內多餘的油脂與鹽分，讓食物更健康，口感更酥脆。

62-64

一爐三菜
培根蘆筍雞柳捲、杏仁雞肉起司球、啤酒麵包

62

操作模式：熱風烘烤（オーブン）

手動
決定
→ 熱風烘烤（オーブン）
→ 予熱有
→ 2段
→ 200℃
→ 30分，18分後轉180℃

加水槽：無
使用器皿：鐵製中型深烤皿、耐熱玻璃烤皿
擺放位置：中層與下層

【設定與烤盤擺放】

A | B | C

A. 培根蘆筍雞柳捲　　B. 杏仁雞肉起司球

C. 啤酒麵包

1. 手動設定「熱風烘烤」（オーブン）→ 予熱有 → 2段 → 200℃ → 30分。
2. 裝培根蘆筍雞柳捲與杏仁雞肉起司球的深烤皿放中層，啤酒麵包的耐熱玻璃烤皿放下層，烘烤18分鐘後，取出中層的烤皿，再把啤酒麵包從下層移到中層，改180℃烤完剩下的12分鐘。

【培根蘆筍雞柳捲材料】（3-4人份）
豬培根4片
雞柳4個
蘆筍8枝

【調味料】
檸檬胡椒鹽少許
法式芥末子醬1大匙
桂冠沙拉1大匙
白酒1大匙

【作法】

1. 法式芥末子醬與沙拉醬調勻。
2. 將雞柳條片開成片狀，塗上芥末子沙拉醬（a）。
3. 放上2根蘆筍後，用培根將雞柳蘆筍捲起（b）。
4. 放入深烤皿，淋上一點白酒，再灑上檸檬胡椒鹽（c）。

63

【杏仁雞肉起司球材料】（3-4人份）

雞絞肉100克
起司1片
杏仁片2大匙

【調味料】

鹽少許
大蒜香草1大匙

【作法】

1. 大蒜香草與鹽加入雞絞肉，拌勻（a）。
2. 取約25g雞絞肉包入起司片後（b），滾成球狀。
3. 把雞肉球放到杏仁片上，沾滿杏仁片（c），再放入深烤皿。

64

【啤酒麵包材料】（3-4人份）

高筋麵粉200g
啤酒 180ml
砂糖 15g
泡打粉 1/2小匙
無鹽奶油 20g

【作法】

1. 先將麵粉過篩，加入泡打粉與糖攪拌均勻，放入耐熱玻璃烤皿內。
2. 倒入啤酒攪拌均勻（a）（b），再加入融化的奶油拌勻即可準備烘烤。

65-66

一爐二菜
法式芥末子雞腿、酒漬蘋果豬

65

66

【法式芥末子雞腿材料】

〔2-3人份〕

去骨雞腿3塊
白蘿蔔1/2條
紅蘿蔔1/2條

【醃料】

鹽少許
粗粒黑胡椒少許
橄欖油1小匙
法式芥末子2大匙

【作法】

1. 把雞腿肉、紅蘿蔔、白蘿蔔及所有醃料，全部放入塑膠袋內。讓袋內充滿空氣，搖晃塑膠袋混勻所有材料。把袋內空氣擠出，袋口綁緊，放入冰箱醃一晚。
2. 隔天取出，將雞腿、白蘿蔔與紅蘿蔔放入深烤皿。

【酒漬蘋果豬材料】

〔2-3人份〕

豬小里肌肉1塊（200g左右）
蘋果1顆

【調味料】

鹽少許
奶油一小塊
粗粒黑胡椒少許
白酒100ml
月桂葉2-3葉

【作法】

1. 蘋果帶皮切塊，用白酒浸泡20分鐘。
2. 耐熱玻璃烤皿底部塗上奶油，放入切塊的豬里肌肉，灑上鹽與黑胡椒。
3. 把白酒漬蘋果放入耐熱玻璃烤皿，加入月桂葉。
4. 蓋上耐熱玻璃烤皿的上蓋，用力搖晃，讓所有材料混勻。

操作模式：蒸氣＋熱風烘烤
（スチーム＋オーブン）

手動
決定

→ 蒸氣＋熱風烘烤
（スチーム＋オーブン）

→ 予熱有

→ 220℃

→ 20分

加水槽：有
使用器皿：鐵製中型深烤皿、耐熱玻璃烤皿
擺放位置：中層與下層

【設定與烤盤擺放】

A. 法式芥末子雞腿　　B. 酒漬蘋果豬

C. 麵包

1. 手動設定「蒸氣＋熱風烘烤」（スチーム＋オーブン）→ 予熱有→ 220℃ → 20分。
2. 預熱結束聲響，把裝法式芥末子雞腿的深烤皿，與裝酒漬蘋果豬的耐熱玻璃烤皿一起放上黑色烤盤，放進全能料理爐中層烘烤。
3. 下層可以加烤佐餐的麵包。
4. 麵包大約加熱10分鐘後即可取出。
5. 烘烤完成即可盛盤。

67-68

一爐二菜
紅酒橙鴨胸、手風琴馬鈴薯

67

68

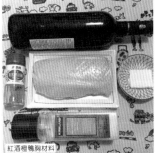
紅酒橙鴨胸材料

手風琴馬鈴薯材料

操作模式：微波（レンジ）、
　　　　　熱風烘烤（オーブン）

手動決定	→	微波（レンジ）
	→	600 W
	→	8分（馬鈴薯）

手動決定	→	微波（レンジ）
	→	800 W
	→	4分 + 3分 + 3分

手動決定	→	熱風烘烤（オーブン）
	→	予熱有
	→	1段
	→	200℃
	→	15分

加水槽：無
使用器皿：
無水調理鍋、鐵製中型深烤皿、美亞神
奇微波壓力鍋（第一代）或美亞新時尚
神奇微波壓力鍋（第二代）
擺放位置：白盤上、中層

【紅酒橙鴨胸材料】（2-3人份）
鴨胸1塊
奶油1小塊

【調味料】
鹽少許
粗粒黑胡椒少許

【紅酒橙醬】
紅酒2大匙
柳橙皮1顆

【手風琴馬鈴薯材料】（2-3人份）
馬鈴薯2顆
綠茶鹽1小匙
新鮮迷迭香1枝
乳酪絲1小碗

【作法】

1. 鴨胸皮的部分用刀劃開成菱格紋狀（a），請小心不要劃到肉的部分，以免料理時流出血水。

2. 整塊鴨胸抹上一層薄鹽，再灑上粗粒黑胡椒醃20分，利用等待醃鴨胸的時間，處理馬鈴薯。

3. 馬鈴薯不去皮，刷洗乾淨後切薄片，小心不要切斷，放入微波壓力鍋，加入1大匙水。蓋上鍋蓋後放入全能料理爐，手動設定「微波」（レンジ）→ 600 W → 8分。

4. 微波結束，等待壓力顯示閥下降後，打開鍋蓋，取出馬鈴薯。輕輕地扳開，灑上綠茶鹽。另一個馬鈴薯則夾入乳酪絲，並於上方擺上迷迭香，擺進深烤皿（b）。

5. 無水調理鍋內放一小塊奶油，再放入鴨胸，讓皮朝下。蓋上鍋蓋，放入全能料理爐，手動設定「微波」（レンジ）→ 800 W → 4分。

6. 微波結束，取出無水調理鍋，利用鍋內餘溫，煎一下鴨胸側邊（c）。之後再讓鴨皮朝上，蓋上鍋蓋，再次放入全能料理爐，手動設定「微波」（レンジ）→ 800 W → 3分。

7. 微波結束，取出鴨胸，放入深烤皿。可以看到無水調理鍋內逼出許多鴨油，因為加入奶油的關係，所以鴨油帶著奶油香。無水調理鍋內只留1大匙的鴨油，再加入2大匙紅酒與橙皮蓋上鍋蓋，放入全能料理爐，手動設定「微波」（レンジ）→ 800 W → 3分，完成紅酒橙醬。

8. 手動設定「熱風烘烤」（オーブン）→ 予熱有 → 1段 → 200℃ → 15分。預熱結束，把鴨胸與馬鈴薯一起放入全能料理爐中層，關上爐門後按下啟動鍵。

9. 完成後，鴨胸切片擺盤搭配沙拉。馬鈴薯直接盛盤。

69-71 一爐三菜
酥炸豬肋排、紅酒燒鮪魚肚、瑞士麵包

操作模式：**熱風烘烤（オーブン）、過熱水蒸氣＋熱風烘烤（過熱水蒸氣＋オーブン）**

手動決定	→	熱風烘烤（オーブン）
	→	予熱有
	→	2段
	→	220℃
	→	13分

手動決定	→	過熱水蒸氣＋熱風烘烤（過熱水蒸氣＋オーブン）
	→	予熱無
	→	1段
	→	200℃
	→	10分

加水槽：有
使用器皿：鐵製中型深烤皿、黑色烤盤、不鏽鋼網架
擺放位置：中層與下層

【設定與烤盤擺放】

| A. 酥炸豬肋排 | B. 紅酒燒鮪魚肚 |
| C. 瑞士麵包 | |

1. 手動設定「熱風烘烤」（オーブン）→ 予熱有 → 2段 → 220℃ → 13分。
2. 裝酥炸豬肋排與紅酒燒鮪魚肚的深烤皿，一起放入中層，瑞士麵包黑色烤盤上擺下層。
3. 13分鐘後，打開烤箱，取出紅酒燒鮪魚肚與瑞士麵包。
4. 手動設定「過熱水蒸氣＋熱風烘烤」（過熱水蒸氣＋オーブン）→ 予熱無 → 1段 → 200℃ → 10分。

 酥炸豬肋排材料

 紅酒燒鮪魚肚材料

 瑞士麵包材料

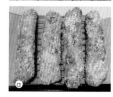 ⓐ

 ⓑ

 ⓒ

【酥炸豬肋排材料】
〔3-4人份〕
豬肋排4根
麵粉2大匙
雞蛋1顆
橄欖油1小匙
麵包粉3大匙

【醃料】
蒜頭2瓣
薑2片
五香粉1小匙
蜂蜜1大匙
醬油1大匙
蠔油1大匙
米酒1大匙

TIPS

※ 將醃料調勻，放入保鮮袋，再把豬肋排放入，搖勻後擠出空氣，放冰箱冷藏醃一晚。建議豬肋排一次可以多醃一些，醃好後分裝放冷凍保存。

【紅酒燒鮪魚肚材料】
〔3-4人份〕
切片鮪魚肚8片

【調味料】
醬油1大匙
紅酒1大匙
新鮮羅勒數葉

【作法】
1. 麵包粉加入橄欖油拌勻。
2. 取3個深盤分別盛裝麵粉，打散的蛋液與麵包粉。
3. 取出4根醃好的豬肋排，沾取麵粉後，再沾取蛋液，最後裹上麵包粉（a），放到深烤皿內的不鏽鋼網架上。
4. 調味料拌勻後，淋上切片鮪魚肚，醃10分鐘（b），再放入深烤皿。
5. 切片法國麵包塗抹上奶油乳酪，擺上切片番茄，再灑滿乳酪絲（c）。

【瑞士麵包材料】
〔3-4人份〕
切片法國麵包4片
番茄2顆切片
奶油乳酪1大匙
乳酪絲1小碗

TIPS

※ 因為烤箱內溫度還很高，所以第二階段設定就不需再次預熱。更改為「過熱水蒸氣＋熱風烘烤」（過熱水蒸氣＋オーブン），讓食物口感更酥脆。

72-73

一爐二菜
紅橙味噌鯖魚、焗烤三蔬千層

72

操作模式：熱風烘烤（オーブン），
　　　　　過熱水蒸氣＋燒烤
　　　　　（過熱水蒸氣+グリル）

手動
決定
→　熱風烘烤（オーブン）
→　予熱有
→　1段
→　200℃
→　15分

手動
決定
→　過熱水蒸氣＋燒烤
　　（過熱水蒸氣+グリル）
→　　5分

加水槽：無
使用器皿：
耐熱玻璃烤皿、鐵製中型深烤皿
擺放位置：中層

【紅橙味噌鯖魚材料】（2-3人份）

鯖魚1/2尾
紅肉柳橙2顆
番茄數顆

【焗烤三蔬千層材料】（2-3人份）

馬鈴薯1顆
地瓜1顆
花椰菜1/4顆
鹽少許
鮮奶油2大匙
乳酪絲1小碗

【醃料】

醬油1大匙
柚子味噌1大匙

　焗烤三蔬千層材料
　紅酒味噌鯖魚材料

73

a

b

【作法】

1. 醃料拌勻放入保鮮袋，再放入鯖魚，擠出袋內空氣，醃一晚。

2. 馬鈴薯與地瓜去皮，削薄片。在耐熱玻璃烤皿中先放入一層馬鈴薯再灑上一點鹽，然後放入
   一層地瓜，重複步驟交錯擺放馬鈴薯片與地瓜片（a）。

3. 放入切小朵的白花椰菜（b），淋入鮮奶油，最後灑滿乳酪絲於花椰菜上。

4. 柳橙切片，與小番茄一起放入深烤皿，再放入鯖魚。

5. 手動設定「熱風烘烤」（オーブン）→ 預熱有 → 1段 → 200℃ → 15分。預熱結束把深烤
   皿放入中層，關上爐門，按下啟動鍵。

6. 作法5結束後，手動設定「過熱水蒸氣＋燒烤」（過熱水蒸氣+グリル）→ 5分，按下啟動
   鍵。

TIPS

※ 後段使用過熱水蒸氣＋燒烤，可烤出表面帶點焦痕的魚。因使用味噌醃與醬油醃過，所以烤出表面
　顏色偏深的鯖魚。

74-75

一爐二菜
照燒鮪魚肚、鹽麴松阪豬

74

操作模式：**熱風烘烤（オーブン）**

手動決定	→	熱風烘烤（オーブン）
	→	予熱有
	→	1段
	→	200℃
	→	15分

加水槽：無
使用器皿：黑色烤盤、不鏽鋼網架
擺放位置：中層

【照燒鮪魚肚材料】（2-3人份）
切片鮪魚肚

【調味料】
醬油1大匙
味醂1大匙
砂糖1小匙

【鹽麴松阪豬】（2-3人份）
松阪豬1塊（約150g）
鹽麴2小匙

75

【作法】

1. 切片鮪魚肚加入拌勻的調味料醃15分（a）。
2. 松阪豬肉均勻塗抹上鹽麴，醃15分（b）。
3. 鹽麴松阪豬與照燒鮪魚肚放上不鏽鋼網架，架到黑色烤盤上（c）。
4. 手動設定「熱風烘烤」（オーブン）→ 予熱有→ 1段→ 200℃ → 15分。
5. 預熱結束聲響，把鹽麴松阪豬與照燒鮪魚肚，放進全能料理爐中層，按下啟動鍵烘烤。
6. 松阪豬出爐後再切片盛盤。

a

b

c

76-78

一爐三菜
腐皮鑲蝦仁、鱸魚蛤蜊燒、焗鮮奶油南瓜盅

76

【腐皮鑲蝦仁材料】

77

【鱸魚蛤蜊燒材料】

78

焗鮮奶油南瓜盅材料

【腐皮鑲蝦仁材料】

〔3-4人份〕

蝦仁6尾
壽司腐皮6個
豬絞肉100克
蔥2根
薑2片
黑木耳1小塊
紅蘿蔔1小塊
蒜2瓣
香菇1朵

【調味料】

鹽少許
昆布醬油1大匙
米酒1大匙
香油1/2小匙
黑胡椒粉少許

【作法】

1. 調味料放入大碗中拌勻。

2. 蔥白、黑木耳、紅蘿蔔、蒜、香菇切末，薑磨成泥，加入調味料碗中，最後加入豬絞肉拌勻。

3. 將豬肉填入腐皮內，再鑲入1尾蝦仁，將腐皮鑲蝦仁放到深烤皿上。

【鱸魚蛤蜊燒材料】

〔3-4人份〕

鱸魚1/2尾切片
蛤蜊200克
小番茄數顆
芹菜1大枝
蒜頭2瓣

【調味料】

鹽少許
白酒2大匙
橄欖油1大匙

【作法】

1. 鐵製深烤皿鋪上烘焙紙，放入鱸魚、蛤蜊。

2. 小番茄對切，芹菜切末，蒜頭拍碎，放入烤皿。

3. 灑上些許鹽，淋入橄欖油與白酒，蓋上深烤皿的上蓋。

【焗鮮奶油南瓜盅材料】

〔3-4人份〕

南瓜1/2顆
雞蛋1顆
鮮奶油200ml
乳酪絲1小碗

【焗鮮奶油南瓜盅作法】

1. 微波壓力鍋內先鋪上烘焙紙，加入1大匙水，再放入去籽南瓜。蓋上鍋蓋後放入全能料理爐，手動設定「微波」（レンジ）→ 600 W → 8分。

2. 微波結束，等待壓力顯示閥下降後，打開鍋蓋，把烘焙紙連同南瓜拉起。放入可烘烤耐熱碗公。加入打散的蛋液與鮮奶油，再放入乳酪絲。

操作模式：微波（レンジ）、
　　　　　熱風烘烤（オーブン）

加水槽：無
使用器皿：鐵製中型深烤皿（加蓋子）、美亞神奇微波壓力鍋（第一代）或美亞新時尚神奇微波壓力鍋（第二代）、黑色烤盤
擺放位置：中層、白盤上

手動
決定
→ 微波（レンジ）
→ 600 W
→ 8分（南瓜）

手動
決定
→ 熱風烘烤（オーブン）
→ 予熱有
→ 2段
→ 200℃
→ 20分

【設定與烤盤擺放】

A. 鱸魚蛤蜊燒	B. 腐皮鑲蝦仁
C. 焗鮮奶油南瓜盅（白盤）	

1. 手動設定「熱風烘烤」（オーブン）→ 予熱有 → 2段 → 200℃ → 20分。預熱結束把盛放腐皮鑲蝦仁、鱸魚蛤蜊燒的深烤皿放到黑色烤盤上，放入中層，焗鮮奶油南瓜盅放於白盤上。關上爐門，按下啟動鍵。

2. 蔥綠刨絲，出爐盛盤時裝飾。

79 抹茶紅豆麻糬酥

操作模式：揉麵（ねり），
熱風烘烤（オーブン）

手作り → 126揉麵（126ねり）
一時停止 → 3分30秒

手動 → 熱風烘烤（オーブン）
決定 → 予熱有
→ 1段
→ 180℃
→ 30分

加水槽：無
使用器皿：黑色烤盤、麵包鍋、
不鏽鋼網架
擺放位置：中層

【作法】

1. 把油皮材料全部放入麵包鍋（a），按一下「手作リ／一時停止」，旋轉鈕轉至「126揉麵」（126ねり）→ 3分30秒，只要讓油皮成團就可以了。完成後，把油皮均分5等分，休息30分鐘。

2. 電子秤上放一個塑膠袋，把油酥材料直接放到塑膠袋內秤重，秤完就可以直接隔著塑膠袋搓揉油酥。雖然隔著塑膠袋，但是手掌的溫度還是夠溫暖，足以軟化無水奶油。完成的油酥均分成5等分（b）。

3. 紅豆泥分10等分，每份約25g。把紅豆泥壓平，放上麻糬卡士達（c），然後包起來，滾圓備用。

4. 油皮擀開，包入抹茶油酥（d）（e）。

5. 把麵團收口處朝上，擀成長條型後捲起（f）。最後捲起的尾端收合處朝下放（g）。完成後蓋上保鮮膜，避免麵團硬掉，再讓麵團休息15分鐘。

6. 取出麵團，讓收合處朝上，把麵團再次擀長（h），捲起（i）。第二次擀開，就幾乎看不到白色的油皮了。擀得越長，層次越多。最後捲起的尾端收合處朝下放（j），蓋上保鮮膜，再休息15分鐘。

7. 麵團捲對半切開，讓切開的面朝上（k），使用手掌垂直壓扁麵團，再用擀麵棍稍微擀開（l）。

8. 接著先把擀開的麵皮翻面，切面處才能展現出層次。把紅豆餡放到擀開的麵皮上（m），收合，捏緊（n），再稍微整圓一下，整個外觀就完成了（o）。

9. 全能料理爐手動設定「熱風烘烤」（オーブン）→ 予熱有 → 1段 → 180℃ → 30分。預熱結束聲響起，把抹茶紅豆麻糬酥的麵團放到黑色烤盤，再放入全能料理爐，按下開始鍵進行烘烤。15分鐘後，把烤盤取出，轉180度再放回去繼續烤完。出爐後，再放到不鏽鋼網架上散熱。

【油皮材料】

中筋麵粉100g
冷水50g
無水奶油35g
糖粉15g

【抹茶油酥材料】

低筋麵粉95g
抹茶粉5g
無水奶油50g

【餡料】

紅豆泥250g
麻糬卡士達10顆

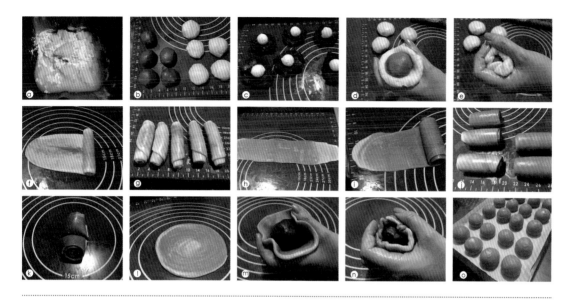

全能料理爐煮無水奶油

操作模式：微波（レンジ）

手動 → 微波（レンジ）
決定 → 500 W 5分
 → 200 W 15分

加水槽：無
使用器皿：可微波耐熱皿
擺放位置：中層

【材料】

無鹽奶油2條（每條454克）

【作法】

1. 把奶油放入可微波耐熱皿（a），放入全能料理爐，手動設定「微波」（レンジ）→ 500 W → 5分。

2. 時間到了就取出可微波耐熱皿，上面浮了一層厚厚的白色泡沫（b），取撈網輕輕撈掉（c）。

3. 再次將可微波耐熱皿放入全能料理爐，手動設定「微波」（レンジ）→ 200 W → 15分。微波結束後取出可微波耐熱皿，第二次白色泡沫少很多了，再次撈掉上面那層泡沫，然後稍微放涼（d）。

4. 取棉布袋，套在漏斗上，讓自製過濾器容易拿取（e）。

5. 再把撈網架在漏斗上，如此便可先過濾掉殘留的渣渣。

6. 拿湯匙將金黃色的熱奶油舀起過濾（f），放涼後就能送入冰箱冷藏。

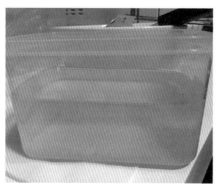
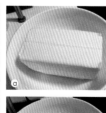

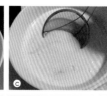

80　純蛋白杏仁瓦片

操作模式：微波（レンジ），
　　　　　熱風烘烤（オーブン）

手動決定	→	微波（レンジ）
	→	600 W
	→	40 秒

手動決定	→	熱風烘烤（オーブン）
	→	予熱有
	→	1段
	→	150℃
	→	20分

加水槽：無
使用器皿：黑色烤盤
擺放位置：上、中層

〔作法〕

1. 無鹽奶油25g放入可微波容器，放入全能料理爐。手動設定「微波」（レンジ）→ 600 W → 40 秒。

2. 蛋白放入鋼盆，加入砂糖、鹽，與蛋白拌勻（a）。

3. 加入過篩的低筋麵粉（b），攪拌成無粉粒狀的蛋白麵糊後，再加入奶油，攪拌至完全混勻。

4. 最後再加入杏仁片，用矽膠鏟輕輕地拌勻（c），再用保鮮膜覆蓋，放入冰箱冷藏30分鐘。

5. 用湯匙舀一大匙麵糊放入烤盤，可以用圓形模具幫忙定型（d），或直接放入烤盤，用手推開麵糊為不規則型。

6. 手動設定「熱風烘烤」（オーブン）→ 予熱有 → 1段 → 150℃ → 20分。

7. 預熱結束聲響，把烤盤放入全能料理爐上、中層。10分鐘後取出烤盤，上中層對調再將烤盤轉180度，放回全能料理爐按下啟動。

8. 出爐後把杏仁瓦片移到網架上散熱，涼了之後，立刻放入密封罐保存。

【材料】

蛋白2個
細砂糖50g
鹽約0.5g
無鹽奶油25g
低筋麵粉40g（過篩）
杏仁片80g

TIPS

※ 推得越薄，烤出來的餅乾越脆。

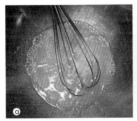

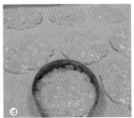

81 起酥肉鬆麵包

操作模式：揉麵（ねり）‧發酵‧
熱風烘烤（オーブン）

| 手作り
一時停止 | → | 126揉麵（126ねり） |
| | → | 7分＋15分 |

手動 決定	→	熱風烘烤（オーブン）
	→	予熱無
	→	1段
	→	30℃（發酵）
	→	50分

手動 決定	→	熱風烘烤（オーブン）
	→	予熱有
	→	1段
	→	190℃
	→	18分

〔作法〕

1. 把麵粉、優格、糖、牛奶、酵母粉、全部放入麵包鍋，送入全能料理爐，按一下「手作り／一時停止」，旋轉鈕轉至「126揉麵」（126ねり）→ 7分。

2. 揉麵結束後，取出麵包鍋，此時麵團已經成團了，加入鹽、奶油，按一下「手作り／一時停止」，旋轉鈕轉至「126揉麵」（126ねり）→ 15分。

3. 揉麵結束，不做一次發酵，直接取出麵團，蓋上保鮮膜休息15分鐘。

4. 把麵團均分8等分（a），包入肉鬆（b），滾圓放上烤盤。

5. 烤盤放入全能料理爐，手動設定「熱風烘烤」（オーブン）→ 予熱無 → 1段 → 30℃（發酵）→ 50分。發酵時間經過25分鐘後，按一下「強弱」（仕上）鍵，加入3分鐘的蒸氣。

6. 發酵完成，取出烤盤。全能料理爐手動設定「熱風烘烤」（オーブン）→ 予熱有 → 1段 → 190℃ → 18分。等待烤箱預熱時，把每片冷凍起酥片切四等分（c）。在麵團上塗上些許美奶滋，放上冷凍起酥片（d），再灑上些黑芝麻。

7. 預熱結束聲響，把烤盤放入全能料理爐，按下啟動，10分鐘後把烤盤掉頭，烤出均勻的烤色。

加水槽：有

使用器皿：黑色烤盤、麵包鍋

擺放位置：發酵下層、烘烤中層

〔材料〕

高筋麵粉250g
優格50g
糖20g
牛奶110ml
酵母粉3g
鹽4g
奶油20g
肉鬆適量
美奶滋少許
冷凍起酥片2片
黑芝麻少許

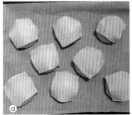

82 三色躲貓貓蛋糕

操作模式：熱風烘烤（オーブン）

手動
決定 ⟶ 熱風烘烤（オーブン）
⟶ 予熱有
⟶ 1段
⟶ 160℃
⟶ 40分＋40分

加水槽：無
使用器皿：黑色烤盤、磅蛋糕模、
貓造型餅乾模
擺放位置：中層

【貓型煉乳蛋糕材料】

奶油100g
原味煉乳150g
焦糖煉乳50g
雞蛋2顆
低筋麵粉95g
可可粉5g
泡打粉1g

TIPS

※ 奶油遇室溫軟化，雞蛋打成蛋液，低
筋麵粉與泡打粉混合後過篩，可可粉
過篩。

【藏貓煉乳蛋糕材料】

奶油100g
原味煉乳200g
雞蛋2顆
低筋麵粉80g
抹茶粉20g
泡打粉1g

TIPS

※ 奶油遇室溫軟化，雞蛋打成蛋液，低
筋麵粉、抹茶粉與泡打粉混合後過
篩。

【作法】

1. 將軟化的奶油放入鋼盆，持電動打蛋器打至呈現乳霜狀（約1-2分鐘）。

2. 加入焦糖煉乳（a），持電動打蛋器打至完全融合，接著再加入原味煉乳（b），持電動打
   蛋器打至完全融合。

3. 加入一半的蛋液（c），持電動打蛋器打至完全融合，接著再加入另一半的蛋液打至完全融
   合，無油水分離的現象。

4. 分2-3次拌入過篩的低筋麵粉與泡打粉，這時候改用矽膠鏟（d），由下往上翻攪拌勻至無粉
   狀顆粒。

5. 將拌勻的麵糊均分為二，其中一個麵糊拌入可可粉（e），繼續攪拌至無粉狀顆粒，完成後
   將2個麵糊倒入磅蛋糕模，放入全能料理爐。

6. 手動設定「熱風烘烤」（オーブン）→ 予熱有 → 1段 → 160℃ → 40分，結束後取出磅
   蛋糕模（f）。

7. 脫模放涼（g），就可以用貓造型餅乾模開始取下可可貓與焦糖貓（h）（i）（j）。

8. 藏貓麵糊作法，重複貓型蛋糕作法1-3，完成後分2-3次拌入過篩的低筋麵粉、抹茶粉與泡
   打粉，拌勻至無粉粒狀，就完成了藏貓麵糊（k）。

9. 磅蛋糕模底部先倒入一層麵糊，再將貓型蛋糕放入（l）。

10. 倒入麵糊，完全覆蓋貓型蛋糕（m），放入全能料理爐。手動設定「熱風烘烤」（オーブ
    ン）→ 予熱有 → 1段 → 160℃ → 40分，結束後就完成了（n）。

83　貓紋芋泥戚風蛋糕捲

操作模式：熱風烘烤（オーブン）

手動　⟶　熱風烘烤（オーブン）
決定　⟶　予熱有
　　　⟶　1段
　　　⟶　170℃
　　　⟶　22分

加水槽：有
使用器皿：不沾深烤盤、
貓造型餅乾模、不鏽鋼網架
擺放位置：烘烤中層

【材料】

雞蛋4顆
牛奶60ml
植物油50ml
低筋麵粉70g
砂糖50g
可可粉1小匙

【作法】

1. 蛋白與蛋黃分開。

2. 蛋黃用手持打蛋器打散（a），加入牛奶拌勻，接著加入植物油拌勻，最後加入低筋麵粉
   （b），攪拌至無粉粒狀，就完成了蛋黃糊（c）。

3. 用電動打蛋器把蛋白打至出現細泡（d），分次加入砂糖，打至蛋白提起時有彎勾（e）。

4. 把蛋白糊分次加入蛋黃糊（f），輕柔地拌勻，直到看不到白色的蛋白，就完成了蛋糕糊
   （g）。

5. 挖3大匙的蛋糕糊到小碗中，加入可可粉拌勻（h），再填入三明治袋。三明治袋前端剪個
   小洞，準備開始彩繪。

6. 烤盤先鋪好烘焙紙（i），兩邊留長一點點，方便烤完拉起，取出蛋糕。

7. 貓型餅乾模放到烤盤上，把可可蛋糕麵糊擠進去（j）。要注意的是，請先想好蛋糕捲是要
   從烤盤的長邊捲，或寬邊捲，再決定餅乾模型的方向如何擺。從長邊捲，捲起來比較長，
   就可以切比較多塊；從寬邊捲，捲起來會比較厚。

8. 手動設定「熱風烘烤」（オーブン）→ 予熱有 → 1段 → 170℃ → 22分。預熱完成，把
   可可貓放進去，再按下開始鍵。用計時器設定2分鐘，只要稍微烤一下，讓貓咪定型就可以了
   （k）。

9. 取出上面有定型的貓咪的烤盤，把鋼盆裡的蛋糕糊全部倒進去（l）。用矽膠鏟輕輕把表面
   撫平，然後，把烤盤拿起來距離桌面約10公分，鬆手讓烤盤垂直落到桌上，震出蛋糕糊裡
   面的空氣，請重複2-3次。再把烤盤放入全能料理爐，走完剩餘的烤箱行程。

10. 時間到了就取出蛋糕，將蛋糕翻面，讓圖案面朝上（m），撕下烘焙紙放在網架上散熱。

11. 涼了之後，把蛋糕從網架上移到桌上，翻面讓圖案朝下。用刀子在蛋糕上輕輕劃出一些割
    痕，再塗上芋泥（n）。

12. 由長的一邊捲起來，用烘焙紙包起來，放入冰箱冷藏，定型，約1小時之後再切片。捲的方
    向決定貓的圖案，這樣切下來，每一片上都有貓咪。

84　雙色巧克力花生麵包

操作模式：揉麵（ねり），發酵，
熱風烘烤（オーブン）

| 手作り
一時停止 | → | 126揉麵（126ねり） |
| | → | 7分＋15分 |

手動 決定	→	熱風烘烤（オーブン）
	→	予熱無
	→	1段
	→	30℃（發酵）
	→	50分

手動 決定	→	熱風烘烤（オーブン）
	→	予熱有
	→	1段
	→	190℃
	→	18分

加水槽：有
使用器皿：黑色烤盤、麵包鍋
擺放位置：發酵下層、烘烤中層

【作法】

1. 把麵粉、優格、糖、牛奶110ml、酵母粉全部放入麵包鍋，送入全能料理爐，按一下「手作リ／一時停止」，旋轉鈕轉至「126揉麵」（126ねり）→ 7分。

2. 揉麵結束後，取出麵包鍋，此時麵團已經成團了，加入鹽和奶油，按一下「手作リ／一時停止」，旋轉鈕轉至「126揉麵」（126ねり）→ 15分。

3. 揉麵結束，不做一次發酵，直接取出麵團，將麵團一分為二，一份蓋上保鮮膜，另一份放回麵包鍋加入拌勻的可可粉和牛奶5ml。按一下「手作リ／一時停止」，旋轉鈕轉至「126揉麵」（126ねり）→ 7分，打出可可團。

4. 揉麵結束，取出可可麵團，蓋上保鮮膜休息15分鐘。

5. 把白色麵團與可可麵團各均分6等分（a）。

6. 可可麵團擀開後，塗上花生醬，再放入水滴巧克力後（b），收口捏合，滾圓。

7. 白色麵團擀開，包入可可麵團（c），放上烤盤。放入全能料理爐，手動設定「熱風烘烤」（オーブン）→ 予熱無 → 1段 → 30℃（發酵）→ 50分。發酵時間經過25分鐘後，按一下「強弱」（仕上）鍵，加入3分鐘的蒸氣。

8. 發酵完成，取出烤盤。全能料理爐手動設定「熱風烘烤」（オーブン）→ 予熱有 → 1段 → 190℃ → 18分。等待預熱時，取刀片輕輕劃開白色麵團（d），就能烤出雙色麵包造型效果。

9. 預熱結束聲響，把烤盤放入全能料理爐，按下啟動，10分鐘後把烤盤掉頭，烤出均勻的烤色。

【材料】

高筋麵粉250g
優格50g
糖20g
牛奶115ml
酵母粉3g
鹽4g
奶油20g
可可粉5g
花生醬適量
水滴巧克力適量

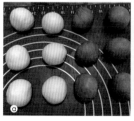

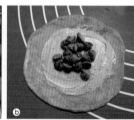

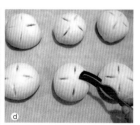

85 雙色抹茶吐司捲

操作模式：揉麵（ねり）・發酵・
熱風烘烤（オーブン）

 → 126揉麵（126ねり）
→ 7分＋15分

 → 熱風烘烤（オーブン）
→ 予熱無
→ 1段
→ 30℃（發酵）
→ 50分

 → 熱風烘烤（オーブン）
→ 予熱有
→ 1段
→ 160℃
→ 20分

加水槽：有
使用器皿：黑色烤器、麵包鍋、
磅蛋糕模
擺放位置：發酵下層、烘烤中層

【材料】

高筋麵粉200g
糖20g
鹽4g
優格40g
牛奶90ml
奶油20g
酵母粉3g
抹茶粉10g
葡萄乾適量

【作法】

1. 把麵粉、糖、鹽、優格、牛奶全部放入麵包鍋，放入全能料理爐，按一下「手作リ／一時停止」，旋轉鈕轉至「126揉麵」（126ねり）→ 7分。
2. 加入奶油和酵母粉，按一下「手作リ／一時停止」，旋轉鈕轉至「126揉麵」（126ねり）→ 15分。
3. 取出麵團，分成1大1小，滾圓後大麵團覆蓋保鮮膜，休息15分鐘。麵團會有點黏，所以桌上跟手上都要沾些麵粉較好操作。
4. 把小的麵團放回麵包鍋，加10g抹茶粉再加1小匙水。按一下「手作リ／一時停止」，旋轉鈕轉至「126揉麵」（126ねり）→ 7分。結束後取出抹茶麵團，滾圓後覆蓋保鮮膜，休息15分鐘。
5. 先把白色麵團擀成一大片長方型，再把抹茶麵團也擀成一大片長方型（a）。
6. 抹茶麵團疊到白色麵團上，再鋪上葡萄乾後（b）捲起（c），放入磅蛋糕模。
7. 擺上黑色烤盤放入全能料理爐，手動設定「熱風烘烤」（オーブン）→ 予熱無 → 1段 → 30℃（發酵）→ 50分。發酵時間經過30分鐘後，按一下「強弱」（仕上）鍵，加入3分鐘的蒸氣。
8. 2次發酵結束，取出黑色烤盤，全能料理爐手動設定「熱風烘烤」（オーブン）→ 予熱有 1段 → 160℃ → 20分。
9. 等待預熱時，拿刀片輕輕劃開白色麵團表層（d）。
10. 預熱結束聲響起，就能把黑色烤盤送入全能料理爐，按下開始鍵進行烘烤。

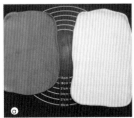
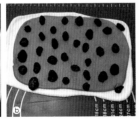
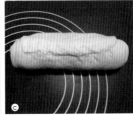

86 愛文芒果煉乳麵包捲

操作模式：揉麵（ねり），發酵，
　　　　　熱風烘烤（オーブン）

| 手作り
一時停止 | → | 126揉麵（126ねり） |
| | → | 7分＋5分＋15分 |

手作り 一時停止	→	127 1次發酵
	→	30℃
	→	30分

手動 決定	→	熱風烘烤（オーブン）
	→	予熱無
	→	1段
	→	30℃（發酵）
	→	50分

手動 決定	→	熱風烘烤（オーブン）
	→	予熱有
	→	1段
	→	160℃
	→	18分

加水槽：有

使用器皿：黑色烤盤、麵包鍋
擺放位置：發酵下層、烘烤中層

【材料】

高筋麵粉 300g
愛文芒果 190g
糖 20g
酵母粉 3g
鹽 4g
奶油 40g
煉乳 20ml

【作法】

1. 將芒果切丁，與麵粉、糖一起放入麵包鍋（a），按一下「手作リ／一時停止」，旋轉鈕轉至「126揉麵」（126ねり）→ 7分，打完的麵團呈現漂亮的金黃色。讓材料均勻混合後靜置30分至2小時。

2. 30分至2小時後，將酵母粉加入芒果麵團，按一下「手作リ／一時停止」，旋轉鈕轉至「126揉麵」（126ねり）→ 5分，讓酵母融入於麵團中。

3. 將奶油20g及鹽加入芒果麵團，按一下「手作リ／一時停止」，旋轉鈕轉至「126揉麵」（126ねり）→15分。

4. 揉麵行程結束後，按一下「手作リ／一時停止」，旋轉鈕轉至「127 1次發酵」→ 30℃→ 30分。

5. 取出麵團，按壓排氣後分2團，擀平，從中間畫開成為2份，鋪上芒果丁（b），將麵團往中間捲起後，黏緊切小段。

6. 擺上烤盤（c），放入全能料理爐，手動設定「熱風烘烤」（オーブン）→ 予熱無 → 1段 → 30℃（發酵）→ 50分。發酵時間經過30分鐘後，按一下「強弱」（仕上）鍵，加入3分鐘的蒸氣。

7. 2次發酵剩餘5分鐘時，將奶油20g隔水熱溶，加入煉乳，拌勻備用。

8. 2次發酵結束，取出烤盤，全能料理爐手動設定「熱風烘烤」（オーブン）→ 予熱有 → 1段 → 160℃→ 18分。等待預熱的同時，將煉乳塗上芒果捲（d）。

9. 預熱結束聲響起，就能把刷上煉乳的芒果捲送入全能料理爐，按下開始鍵進行烘烤。

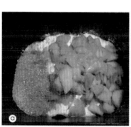
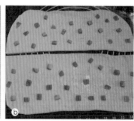

87 貓掌吐司

操作模式：揉麵（ねり）・發酵・
熱風烘烤（オーブン）

| 手作り一時停止 | → | 126揉麵（126ねり） |
| → | 7分＋15分＋8分 |

手動決定	→	熱風烘烤（オーブン）
→	予熱無
→	1段
→	30℃（發酵）
→	50分

手動決定	→	熱風烘烤（オーブン）
→	予熱有
→	1段
→	160℃
→	20分

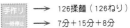

加水槽：有

使用器皿：黑色烤盤、麵包鍋、
磅蛋糕模

擺放位置：發酵下廚、烘烤中廚

【材料】

高筋麵粉200g
牛奶120ml
糖15g
鹽3g
酵母粉3g
奶油15g
可可粉1小匙

【作法】

1. 把麵粉、牛奶、糖、鹽全部放入麵包鍋（a），送入全能料理爐，按一下「手作り／一時停止」，旋轉鈕轉至「126揉麵」（126ねり）→ 7分。

2. 揉麵結束後，取出麵包鍋，此時麵團已經成團了，加入酵母粉、奶油，按一下「手作り／一時停止」，旋轉鈕轉至「126揉麵」（126ねり）→ 15分。

3. 麵團一分為二，一半滾圓，蓋上保鮮膜，休息30分。另一半放回麵包鍋，加入可可粉（b），按一下「手作り／一時停止」，旋轉鈕轉至「126揉麵」（126ねり）→ 8分。完成後，將可可麵團也滾圓，蓋上保鮮膜，休息30分鐘。

4. 白色麵團先分為二半，一半滾圓，另一半切成4等分後滾圓（c）。

5. 可可麵團分成稍微不對稱的二個麵團，一大一小，大的分成6等分。

6. 大的白色麵團擀開至磅蛋糕模的長度後，從邊邊捲起成長條狀。

7. 大的可可麵團擀開成可包覆白色長條狀麵團的大小（d）。

8. 把作法6的麵團放上作法7，捲起來後接合處黏緊。

9. 剩下的4個小的白色麵團與6個小的可可麵團，作法如同作法8。然後，把多的兩個小可可麵團直接擀開後捲成長條，要做墊底。

10. 作法8的大麵團放到磅蛋糕模底部正中央，麵團兩側先放作法9的長條可可麵團，接著開始疊上包覆白色麵團的可可麵團。

11. 擺上烤盤放入全能料理爐，手動設定「熱風烘烤」（オーブン）→ 予熱無 → 1段 → 30℃（發酵）→ 50分。發酵時間經過30分鐘後，按一下「強弱」（仕上）鍵，加入3分鐘的蒸氣。

12. 發酵完成，取出烤盤。全能料理爐手動設定「熱風烘烤」（オーブン）→ 予熱有 → 1段 → 160℃ → 20分。預熱結束聲響，再把烤盤放入全能料理爐，按下開始鍵進行烘烤。

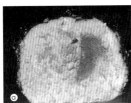

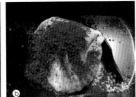

88 千層薔薇紅豆麵包

操作模式：揉麵（ねり）、發酵、
熱風烘烤（オーブン）

| 手作リ / 一時停止 | → | 126揉麵（126ねり） |
| | → | 7分 （麵團）+15分 |

| 手作リ / 一時停止 | → | 126揉麵（126ねり） |
| | → | 3分30秒（油皮） |

手動決定	→	熱風烘烤（オーブン）
	→	予熱無
	→	1段
	→	30℃（發酵）
	→	50分

手動決定	→	熱風烘烤（オーブン）
	→	予熱有
	→	1段
	→	180℃
	→	20分

加水槽：有

使用器皿：黑色烤盤、麵包鍋

擺放位置：發酵下層、烘烤中層

【麵包材料】　【油皮材料】

麵包材料	油皮材料
高筋麵粉200g	中筋麵粉100g
優格40g	冷水50ml
牛奶90g	無水奶油35g
酵母粉3g	糖粉15g
糖10g	
鹽3g	【油酥材料】
奶油20g	低筋麵粉98g
紅豆泥20g（1個）	可可粉2g
	無水奶油45g

〔作法〕

1. 把麵粉、優格、牛奶、酵母粉、糖全部放入麵包鍋（a），按一下「手作リ／一時停止」，旋轉鈕轉至「126揉麵」（126ねり）→ 7分。

2. 揉麵結束後，取出麵包鍋，此時麵團已經成團了，加入鹽和奶油，按一下「手作リ／一時停止」，旋轉鈕轉至「126揉麵」（126ねり）→ 15分，結束後取出麵包鍋，把麵團取出，放入不鏽鋼碗，用保鮮膜覆蓋，於室溫發酵。

3. 把油皮材料全部放入麵包鍋，按一下「手作リ／一時停止」，旋轉鈕轉至「126揉麵」（126ねり）→ 3分30秒，只要讓油皮成團就可以了。完成後，讓油皮休息30分鐘。

4. 電子秤上放一個塑膠袋，把油酥材料直接放到塑膠袋內秤重，秤完就可以直接隔著塑膠袋搓揉油酥。雖然隔著塑膠袋，但是手掌的溫度還是夠溫暖，足以軟化無水奶油。

5. 30分鐘後，把油皮跟油酥均分3等分（b），把油皮稍擀平包入油酥，擀成長條狀後捲起成油酥皮捲，然後覆蓋保鮮膜休息10分鐘。

6. 趁空檔準備紅豆泥，搓成球狀備用。接著把休息了10分鐘的油酥皮捲，再次擀長後捲起（c），再休息10分鐘。

7. 把麵包麵團移出鋼碗，按壓排氣後，均分6等分。將麵團擀平，包入紅豆泥球。

8. 把作法6的油酥皮捲對半切（d），切面朝上用手掌垂直加壓，壓扁後擀成大片圓形，切面處朝外，包覆作法7的紅豆麵包麵團，放入烤盤後送入全能料理爐，手動設定「熱風烘烤」（オーブン）→ 予熱無 → 1段 → 30℃（發酵）→ 50分。發酵時間經過30分鐘後，按一下「強弱」（仕上）鍵，加入3分鐘的蒸氣。

9. 發酵結束，取出烤盤，全能料理爐手動設定「熱風烘烤」（オーブン）→ 予熱有 → 1段 → 180℃ → 20分。

10. 預熱結束聲響起，把麵團放入全能料理爐，按下開始鍵進行烘烤。

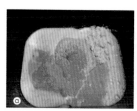

89 可爾必思檸檬蔓越莓麵包

操作模式：揉麵（ねり）‧發酵‧
熱風烘烤（オーブン）

| 手作り | → | 126揉麵（126ねり） |
| 一時停止 | → | 7分＋10分＋7分 |

手動	→	熱風烘烤（オーブン）
決定	→	予熱無
	→	1段
	→	30℃（發酵）
	→	50分

手動	→	熱風烘烤（オーブン）
決定	→	予熱有
	→	1段
	→	160℃
	→	20分

加水槽：有
使用器皿：麵包鍋‧黑色烤盤‧
磅蛋糕模‧8吋圓形蛋糕模
擺放位置：發酵下層‧烘烤中層

【材料】

高筋麵粉350g
糖25g
鹽4g
可爾必思225ml
奶油20g
酵母粉4g
蔓越莓適量
檸檬皮屑半顆的量

【作法】

1. 將麵粉、糖、鹽、可爾必思全部放入麵包鍋，按一下「手作リ／一時停止」，旋轉鈕轉至「126揉麵」（126ねり）→ 7分，結束後讓麵團靜置30分-2小時。

2. 30分鐘後加入奶油和酵母粉，按一下「手作リ／一時停止」，旋轉鈕轉至「126揉麵」（126ねり）→ 10分。

3. 作法2完成後，麵團變得光滑了，接著加入蔓越莓與檸檬皮屑（a），按一下「手作リ／一時停止」，旋轉鈕轉至「126揉麵」（126ねり）→ 7分，讓蔓越莓與檸檬皮屑均勻混入麵團內。

4. 取出已經混合均勻的麵團，分成2個麵團，滾圓後讓麵團休息10分鐘。麵團會有點黏，所以桌上跟手上都要沾些麵粉較好操作。

5. 一個麵團做成小吐司（b），將麵團分成四等分，擀平後捲起，放入磅蛋糕模。

6. 另一個麵團做成小餐包，分8等分，直接滾圓（c），放入8吋圓形蛋糕模。

7. 磅蛋糕模和8吋圓型蛋糕模擺上黑色烤盤放入全能料理爐，手動設定「熱風烘烤」（オーブン）→ 予熱無 → 1段 → 30℃（發酵）→ 50分。發酵時間經過30分鐘後，按一下「強弱」（仕上）鍵，加入3分鐘的蒸氣。

8. 2次發酵結束，取出黑色烤盤（d），全能料理爐手動設定「熱風烘烤」（オーブン）→ 予熱有 → 1段 → 160℃ → 20分。

9. 預熱結束聲響起，就能把黑色烤盤送入全能料理爐，按下開始鍵進行烘烤。

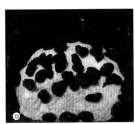

90 大蒜香草乳酪麵包

操作模式：揉麵（ねり）‧發酵‧
熱風烘烤（オーブン）

| 手作り 一時停止 | → | 126揉麵（126ねり） |
| | → | 7分＋15分 |

手作り 一時停止	→	127 1次發酵
	→	30℃
	→	30分

| 手作り 一時停止 | → | 126揉麵（126ねり） |
| | → | 7分 |

手動 決定	→	熱風烘烤（オーブン）
	→	予熱無
	→	1段
	→	30℃（發酵）
	→	50分

手動 決定	→	熱風烘烤（オーブン）
	→	予熱有
	→	1段
	→	160℃
	→	18分

加水槽：有
使用器皿：黑色烤盤、麵包鍋
擺放位置：發酵下層、烘烤中層

【作法】

1. 把麵粉、優格、糖、牛奶、酵母粉全部放入麵包鍋，放入全能料理爐，按一下「手作り／一時停止」，旋轉鈕轉至「126揉麵」（126ねり）→ 7分。

2. 加入鹽和奶油，按一下「手作り／一時停止」，旋轉鈕轉至「126揉麵」（126ねり）→ 15分。

3. 揉麵行程結束後，按一下「手作り／一時停止」，旋轉鈕轉至「127 1次發酵」→ 30℃→ 30分。

4. 1次發酵結束後，取出麵包鍋，加入大蒜香草粉。按一下「手作り／一時停止」，旋轉鈕轉至「126揉麵」（126ねり）→ 7分。讓大蒜香草粉與麵團均勻混合，同時讓麵團排氣（a）。

5. 取出麵團後，均分為15個小麵團（b），擀平後包入乳酪塊（c），再滾圓。

6. 麵團放入全能料理爐，手動設定「熱風烘烤」（オーブン）→ 予熱無 → 1段 → 30℃（發酵）→ 50分。發酵時間經過30分後，按一下「強弱」（仕上）鍵，加入3分鐘的蒸氣。

7. 發酵結束，取出麵團後可於表面刷上一層牛奶，讓烤出來的麵包帶點光澤。

8. 手動設定「熱風烘烤」（オーブン）→ 予熱有 → 1段 → 160℃ → 18分。預熱結束聲響，再把烤盤放入全能料理爐，按下開始鍵進行烘烤，烤好就完成了（d）。

【材料】

高筋麵粉300g
優格60g
糖20g
牛奶130ml
酵母粉4g
鹽4g
奶油20g
大蒜香草粉1大匙
乳酪15塊

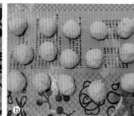

91 極軟紅酒桂圓麵包

操作模式：揉麵（ねり）・發酵・
熱風烘烤（オーブン）

| 手作り
一時停止 | → 126揉麵（126ねり） |
| | → 7分＋15分 |

手動 決定	→ 熱風烘烤（オーブン）
	→ 予熱無
	→ 1段
	→ 30℃（發酵）
	→ 70分

手動 決定	→ 熱風烘烤（オーブン）
	→ 予熱有
	→ 1段
	→ 200℃
	→ 18分
	→ 6分鐘後溫度調降為170℃

【作法】

1. 把麵粉、優格、糖、紅酒、水、酵母粉全部放入麵包鍋（a），送入全能料理爐，按一下「手作り／一時停止」，旋轉鈕轉至「126揉麵」（126ねり）→ 7分。
2. 揉麵結束後，取出麵包鍋，此時麵團已經成團了，加入鹽和奶油，按一下「手作り／一時停止」，旋轉鈕轉至「126揉麵」（126ねり）→ 15分。
3. 揉麵結束，不做一次發酵，直接取出麵團，蓋上保鮮膜休息15分鐘。
4. 趁作法1跟2的空檔時就能一邊幫桂圓剝殼去籽（b）。
5. 把休息過的麵團均分8等分，包入桂圓乾後滾圓（c），蓋上保鮮膜休息15分鐘。
6. 15分鐘後，取出麵團，再次稍微排氣，滾圓。讓麵團稍微緊實一點點，然後放上烤盤。
7. 擺上烤盤放入全能料理爐，手動設定「熱風烘烤」（オーブン）→ 予熱無 → 1段 → 30℃（發酵）→ 70分。發酵時間經過30分鐘後，按一下「強弱」（仕上）鍵，加入3分鐘的蒸氣（因為加了紅酒的關係，擔心酒精影響酵母，發酵得比較慢，所以設定發酵70分鐘）。
8. 發酵完成，取出烤盤。全能料理爐手動設定「熱風烘烤」（オーブン）→ 予熱有 → 1段 → 200℃ → 18分。等待烤箱預熱時，在麵團上灑上一些麵粉，拿刀子輕輕劃割痕（d）。
9. 預熱結束聲響，把烤盤放入全能料理爐，按下啟動，6分鐘後把烤盤掉頭，烤溫調降為170℃，再按一下「強弱」（仕上）鍵，設定3分鐘蒸氣，烤出微酥的外皮。

加水槽：有
使用器皿：黑色烤盤、麵包鍋
擺放位置：發酵下層，烘烤中層

【材料】

高筋麵粉300g
優格60g
糖20g
紅酒60ml
水70ml
酵母粉4g
鹽4g
奶油20g
桂圓約32顆

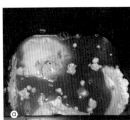   

92 　洛神蔓越莓圓舞曲手撕吐司

操作模式：揉麵（ねり）、發酵、
熱風烘烤（オーブン）

 ⟶ 126揉麵（126ねり）
　　　　　⟶ 7分＋15分

 ⟶ 熱風烘烤（オーブン）
　　　　　⟶ 予熱無
　　　　　⟶ 1段
　　　　　⟶ 30℃（發酵）
　　　　　⟶ 50分

 ⟶ 熱風烘烤（オーブン）
　　　　　⟶ 予熱有
　　　　　⟶ 1段
　　　　　⟶ 160℃
　　　　　⟶ 18分

加水槽：有
使用器皿：麵包鍋、8吋圓形蛋糕模、
黑色烤盤
擺放位置：發酵下層、烘烤中層

【材料】

高筋麵粉200g
優格40g
洛神花汁30g
糖10g
牛奶55g
酵母粉3g
鹽4g
奶油30g
煉乳15g
蔓越莓適量

【作法】

1. 把麵粉、優格、洛神花汁、糖、牛奶、酵母粉全部放入麵包鍋，送入全能料理爐，按一下「手作リ／一時停止」，旋轉鈕轉至「126揉麵」（126ねり）→ 7分。

2. 揉麵結束後，取出麵包鍋，此時麵團已經呈現了浪漫的紫色（a），加入鹽和奶油20g，按一下「手作リ／一時停止」，旋轉鈕轉至「126揉麵」（126ねり）→ 15分。

3. 完成後，直接取出麵團，滾圓，蓋上保鮮膜讓麵團休息15分鐘。

4. 趁麵團休息時，開始調製煉乳。把奶油10g跟煉乳一起放入小碗，隔水加熱讓奶油融化後，攪拌均勻，就完成了煉乳奶油醬（b）。

5. 把麵團擀開成一大片狀，塗上作法4的煉乳奶油醬，並灑上蔓越莓。

6. 麵團切成塊狀（c），再隨意放入8吋圓形蛋糕模內。

7. 8吋圓形蛋糕模放入全能料理爐，手動設定「熱風烘烤」（オーブン）→ 予熱無 → 1段 → 30℃（發酵）→ 50分。發酵時間經過30分鐘後，按一下「強弱」（仕上）鍵，加入3分鐘的蒸氣。

8. 發酵完成後（d），全能料理爐手動設定「熱風烘烤」（オーブン）→ 予熱有 → 1段 → 160℃ → 18分。預熱結束聲響，再把烤盤放入全能料理爐，按下開始鍵進行烘烤。

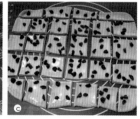

93 草莓牛奶超軟吐司

操作模式：揉麵（ねり）・發酵，
熱風烘烤（オーブン）

| 手作り
一発停止 | → | 126揉麵（126ねり） |
| | → | 7分＋15分 |

手動 決定	→	熱風烘烤（オーブン）
	→	予熱無
	→	1段
	→	30℃（發酵）
	→	50分

手動 決定	→	熱風烘烤（オーブン）
	→	予熱有
	→	1段
	→	160℃
	→	20分

加水槽：有

使用器皿：黑色烤盤、麵包鍋、
吐司模、磅蛋糕模

擺放位置：發酵下層、烘烤中層

〔作法〕

1. 把麵粉、優格、糖、草莓牛奶、酵母粉全部放入麵包鍋（a），送入全能料理爐，按一下「手作リ／一時停止」，旋轉鈕轉至「126揉麵」（126ねり）→ 7分。

2. 揉麵結束後，取出麵包鍋，此時麵團已經成團了，加入鹽和奶油（b），按一下「手作リ／一時停止」，旋轉鈕轉至「126揉麵」（126ねり）→ 15分。

3. 揉麵結束，不做一次發酵，直接取出麵團，蓋上保鮮膜休息15分鐘。

4. 將休息過的麵團分成4份，擀長後，捲起，再把麵團對半切（c），放入吐司模與磅蛋糕模。

5. 吐司模與磅蛋糕模擺上烤盤放入全能料理爐，手動設定「熱風烘烤」（オーブン）→ 予熱無 → 1段 → 30℃（發酵）→ 50分。發酵時間經過30分鐘後，按一下「強弱」（仕上）鍵，加入3分鐘的蒸氣。

6. 發酵完成，取出烤盤（d）。全能料理爐手動設定「熱風烘烤」（オーブン）→ 予熱有 → 1段 → 160℃ → 20分。預熱結束聲響，再把烤盤放入全能料理爐，按下開始鍵進行烘烤。

【材料】

高筋麵粉350g
優格70g
糖20g
草莓牛奶150ml
酵母粉4g
鹽4g
奶油20g

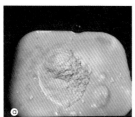

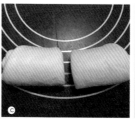

94 原鍋烤洛神花吐司

操作模式：揉麵（ねり）、發酵、
熱風烘烤（オーブン）

| 手作り / 一時停止 | → | 126 揉麵（126 ねり） |
| | → | 7分＋15分 |

手作り / 一時停止	→	127 1次發酵
	→	30℃
	→	30分＋60分

| 手作り / 一時停止 | → | 132 燴飯（132 リゾツト） |
| | → | 30分 |

加水槽：有
使用器皿：麵包鍋、不鏽鋼網架
擺放位置：麵包鍋

【材料】

高筋麵粉300g
優格60g
糖20g
鹽4g
奶油20g
牛奶130ml
酵母粉4g
洛神花汁20ml
洛神花果實切小塊

【作法】

1. 把優格、麵粉、糖、鹽、牛奶、奶油全部放入麵包鍋，放入全能料理爐（a），按一下「手作り／一時停止」，旋轉鈕轉至「126揉麵」（126ねり）→ 7分。

2. 加入酵母粉（10分鐘後才下），按一下「手作り／一時停止」，旋轉鈕轉至「126揉麵」（126ねり）→ 15分。

3. 揉麵行程結束後，按一下「手作り／一時停止」，旋轉鈕轉至「127 1次發酵」→ 30℃ → 30分。

4. 麵包鍋移出全能料理爐，取出麵團，並取出葉片。將麵團分為2/3與1/3，將1/3麵團加入洛神花汁染色。在加入洛神花汁時，麵團因水分過多會變得黏黏的，因此必須邊揉邊加入高筋麵粉，揉成一個帶紫色的麵團（b）。

5. 白色麵團擀成一大塊長方型，中間對切。紫色麵團擀成長方型，大小僅需為白色麵團的2/3，中間對切。疊上白色麵團，3邊大致對齊（c）。將洛神花果粒鋪在中間1/3處。

6. 上方白色麵團往下折，然後將洛神花果粒繼續鋪在往下折的白色麵團上（d）。再把下方的麵團往上折，將洛神花果粒封在裡面（e）。

7. 麵團中間切開，頭尾不要切斷（f）。將麵團拿起來像擰毛巾一樣，轉一下，然後頭尾接起來，放回麵包鍋（g），再把麵包鍋固定回全能料理爐內。

8. 按一下「手作り／一時停止」，旋轉鈕轉至「127 1次發酵」→ 30℃ → 60分。時間到時，先看一下發酵的狀況，如果大約8分-9分滿鍋就可以準備烘烤，如果發酵得不夠高，重複操作「127 1次發酵」，每次10分鐘，直到麵團發酵達到8分-9分滿鍋（h）。

9. 取出麵包鍋，表面刷上一些蛋液，蛋液可以讓烤出來的麵包看起來有光澤（i）。

10. 將麵包鍋固定回全能料理爐內，準備進入烘烤（j）。

11. 按一下「手作り／一時停止」，旋轉鈕轉至「132 燴飯」（132 リゾツト），顯示完成時間剩餘41分鐘，請自行設定計時器烤30分鐘即按取消，完成後將麵包鍋取出（k）。

12. 將洛神花吐司放在不鏽鋼網架上散熱（l）。

TIPS

※ 如果擔心吐司烤得太焦，請將酵母粉及投料盒上蓋放上麵包鍋。

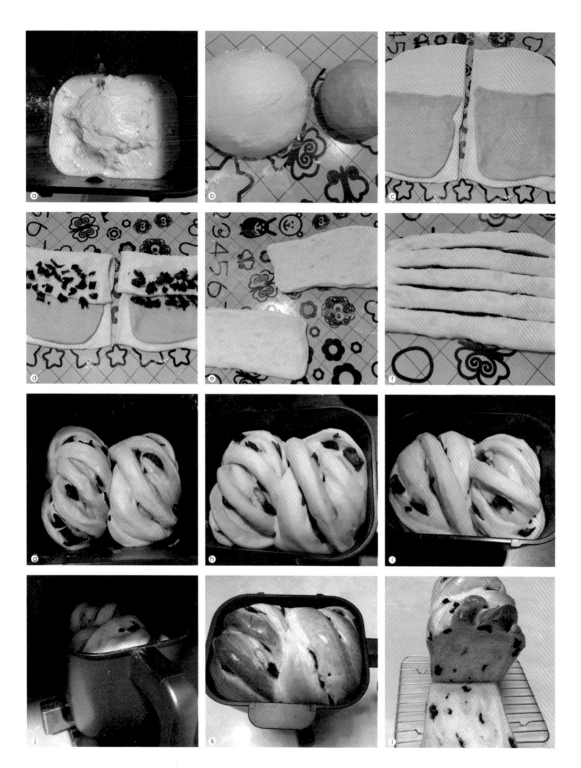

95 迷你紅豆辮子小吐司

操作模式：揉麵（ねり），發酵，
　　　　　熱風烘烤（オーブン）

| 手作り | → | 126揉麵（126ねり） |
| 一時停止 | → | 7分＋15分 |

手動	→	熱風烘烤（オーブン）
決定	→	予熱無
	→	1段
	→	30℃（發酵）
	→	50分

手動	→	熱風烘烤（オーブン）
決定	→	予熱有
	→	1段
	→	160℃
	→	18分

加水槽：有
使用器皿：黑色烤盤、麵包鍋、
　　　　　　八格格烤模
擺放位置：發酵下層、烘烤中層

【作法】

1. 把麵粉、優格、糖、牛奶、酵母粉全部放入麵包鍋（a），放入全能料理爐，按一下「手作り／一時停止」，旋轉鈕轉至「126揉麵」（126ねり）→ 7分。

2. 揉麵結束後，取出麵包鍋，此時麵團已經成團了，加入鹽和奶油，按一下「手作り／一時停止」，旋轉鈕轉至「126揉麵」（126ねり）→ 15分。完成後，直接取出麵團，滾圓，蓋上保鮮膜休息15分鐘。

3. 把麵團擀開，塗上紅豆泥，長邊留白（b），捲起來，收合處捏緊。

4. 收合處朝上，把麵團稍微擀寬，然後均分三等分切開，留一邊不切斷（c）。

5. 以綁辮子的方式編織麵團，完成後，頭尾往下折，放入八格格烤模內（d）。

6. 把八格格烤模放入全能料理爐，手動設定「熱風烘烤」（オーブン）→ 予熱無 → 1段 → 30℃（發酵）→ 50分。發酵時間經過30分鐘後，按一下「強弱」（仕上）鍵，加入3分鐘的蒸氣。發酵完成後，麵團長了2倍大。

7. 手動設定「熱風烘烤」（オーブン）→ 予熱有 → 1段 → 160℃ → 18分。預熱結束聲響，再把烤盤放入全能料理爐，按下開始鍵進行烘烤。

【材料】

高筋麵粉300g
優格60g
糖20g
牛奶130g
酵母粉4g
鹽4g
奶油20g
紅豆泥約160g（每個20g）

TIPS

※ 如果擔心烤色不均勻，可於烘烤9分後，打開爐門將烤盤轉180度，再次放入爐內，按下啟動鍵即可。

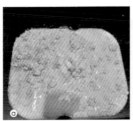

96 迷你手撕焦糖煉乳吐司

操作模式：揉麵（ねり）、發酵、
　　　　熱風烘烤（オーブン）

| 手作り／一時停止 | → | 126揉麵（126ねり） |
| | → | 7分＋15分 |

手動決定	→	熱風烘烤（オーブン）
	→	予熱無
	→	1段
	→	30℃（發酵）
	→	50分

手動決定	→	熱風烘烤（オーブン）
	→	予熱有
	→	1段
	→	160℃
	→	18分

加水槽：有
使用器皿：黑色烤盤、麵包鍋、
八格格烤模
擺放位置：發酵下層、烘烤中層

【材料】

高筋麵粉300g
優格60g
糖20g
牛奶130g
酵母粉4g
鹽4g
奶油40g
焦糖煉乳30g

【作法】

1. 把麵粉、優格、糖、牛奶、酵母粉全部放入麵包鍋（a），放入全能料理爐，按一下「手作り／一時停止」，旋轉鈕轉至「126揉麵」（126ねり）→ 7分。

2. 揉麵結束後，取出麵包鍋，此時麵團已經成團了，加入鹽和奶油20g，按一下「手作り／一時停止」，旋轉鈕轉至「126揉麵」（126ねり）→ 15分。完成後，直接取出麵團，滾圓，蓋上保鮮膜休息15分鐘。

3. 趁麵團休息時，調製焦糖煉乳奶油醬。把奶油20g跟焦糖煉乳一起放入小碗（b），隔水加熱讓奶油融化後，攪拌均勻。

4. 把麵團擀開成一大片狀（c），塗上作法3的焦糖煉乳奶油醬。

5. 把麵團也切成迷你版的小小塊，再放入八格格烤模內，每一格放5分滿就好（d）。

6. 把八格格烤模放入全能料理爐，手動設定「熱風烘烤」（オーブン）→ 予熱無 → 1段 → 30℃（發酵）→ 50分。發酵時間經過30分後，按一下「強弱」（仕上）鍵，加入3分鐘的蒸氣。發酵完成後，麵團長了2倍大。

7. 手動設定「熱風烘烤」（オーブン）→ 予熱有 → 1段 → 160℃ → 18分。預熱結束聲響，再把烤盤放入全能料理爐，按下開始鍵進行烘烤。

TIPS

※ 如果擔心烤色不均勻，可於烘烤9分後，打開爐門將烤盤轉180度，再次放入爐內，按下啟動鍵即可。

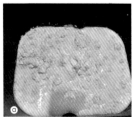

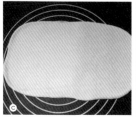

97 綿綿蜜蜜的蜜紅豆

操作模式：微波（レンジ）

手動
決定
→ 微波（レンジ）
→ 600 W
→ 7分
→ 10分，燜10分
→ 5分，燜10分

加水槽：無
使用器皿：
美亞神奇微波壓力鍋（第一代）或
美亞新時尚神奇微波壓力鍋（第二代）
擺放位置：白盤上

【材料】

紅豆100g
水3杯
砂糖100g

TIPS

※ 作法2完成後，可先取幾顆紅豆試試
看軟硬度，如果覺得不夠鬆軟，可以
再次設定微波600 W 5分，燜5分。加
了糖之後，紅豆就煮不軟了。

【作法】

1. 紅豆跟1杯水一起放入微波壓力鍋浸泡，至少1小時（a）。蓋上鍋蓋，放入全能料理爐，手動
   設定「微波」（レンジ）→ 600 W → 7分。

2. 微波結束等壓力顯示閥下降後，打開鍋蓋，把第一次的紅豆水倒掉後，再加入2杯水（b），
   蓋上鍋蓋，放入全能料理爐。手動設定「微波」（レンジ）→ 600 W → 10分。微波時間結
   束，燜10分鐘。

3. 打開鍋蓋後，倒出部分紅豆水，讓鍋中只保留剛好蓋過紅豆的水量就好（c）。加入砂糖，蓋
   上鍋蓋，放入全能料理爐，手動設定「微波」（レンジ）→ 600 W → 5分。結束之後再燜10
   分鐘。

98 桂圓紅棗茶

操作模式：微波（レンジ）

手動 決定	→	微波（レンジ）
	→	600 W
	→	8分

加水槽：無
使用器皿：
美亞神奇微波壓力鍋（第一代）或
美亞新時尚神奇微波壓力鍋（第二代）
擺放位置：白盤上

【材料】

紅棗10顆
桂圓40g
砂糖40g
熱水1600ml

 TIPS

※ 砂糖換成黑糖，再加入幾片老薑，就
　成了寒冬暖身的最佳茶飲。

〔作法〕

1. 紅棗洗淨之後，去掉蒂頭，並在紅棗上劃一刀。

2. 把紅棗、桂圓、糖放入微波壓力鍋中（a）。

3. 加入熱水後（b），蓋上鍋蓋，放入全能料理爐，手動設定「微波」（レンジ）→ 600W →
　 8分。確定壓力顯示閥下降，打開鍋蓋即完成（c）。

99 葡萄果醬

操作模式：微波（レンジ）

手動	→	微波（レンジ）
決定	→	600 W 10分
	→	200 W 10分

加水槽：無
使用器皿：可微波耐熱皿
擺放位置：白盤上

【材料】	【洗葡萄水】
葡萄600g	麵粉1大匙
檸檬1顆	水1大碗公
冰糖250g	

【作法】

1. 因為要用到葡萄的皮，所以一定要洗得很乾淨！將葡萄用剪刀一顆顆剪下，保留一點蒂頭，可避免使用麵粉水清洗時滲入葡萄。麵粉與水拌勻後，將葡萄放入，輕柔地搓洗，然後再用清水沖洗乾淨。

2. 取一鍋水，煮滾後，將葡萄放入汆燙約15秒後即可撈起。

3. 汆燙過，將葡萄果肉、葡萄皮及葡萄籽分開。

4. 全部處理完成之後，葡萄果肉會生出一些葡萄汁，把葡萄汁濾出與皮、籽全部放入同一個鍋子（a），再倒入冰糖。

5. 鍋子放到瓦斯爐上用中火加熱，邊攪拌至冰糖完全融化即可熄火（b）。邊攪拌的同時，會產生一些泡泡，用湯匙將泡泡撈除（c）。完成後，將煮好的汁液濾出，再倒入可微波耐熱皿。

6. 擠入檸檬汁，稍微拌勻。

7. 可微波耐熱皿放入全能料理爐，手動設定「微波」（レンジ）→ 600W → 10分。取出後將泡泡撈除（d）。

8. 可微波耐熱皿再次放入全能料理爐，手動設定「微波」（レンジ）→ 200W→ 10分，用小火力慢慢熬煮，讓葡萄化開。

9. 完成後取出，再次將產生的泡泡撈除後，立刻「趁熱」將果醬裝入罐子。

10. 放涼之後，就可以將果醬罐立起，放在室內陰涼處3-7天，讓果醬在室溫中熟成，之後再直接放入冰箱保存。

100 奇異蘋果醬

操作模式：微波（レンジ）

手動 決定	→	微波（レンジ）
	→	600 W
	→	15分，燜10分

加水槽：無
使用器皿：無水調理鍋
擺放位置：白盤上

【材料】

奇異果1顆約150g
蘋果1/2顆約150g
冰糖130g
檸檬半顆

【作法】

1. 蘋果削皮切丁，奇異果削皮切丁，檸檬擠汁，把所有材料全部放入無水調理鍋中（a）。

2. 蓋上鍋蓋，放入全能料理爐（b），手動設定「微波」（レンジ）→ 600W → 15分，燜10分。

3. 完成後取出（c），立刻「趁熱」將果醬裝入罐子，並將罐子倒放。

4. 放涼之後，就可以將果醬罐立起，放在室內陰涼處3-7天，讓果醬在室溫中熟成，之後再直接放入冰箱保存。

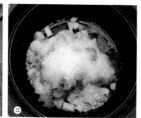

酵母粉保存

　　做麵包時需要使用酵母粉，到烘焙材料行看到大包裝的酵母粉既經濟又實惠。可是，像喵媽家一樣的小家庭，一個禮拜做2-3次麵包，酵母粉使用速度沒那麼快，卻又想省荷包，該怎麼辦呢？請跟著喵媽這樣做吧！

　　酵母粉買回家後，剪開大包裝，隨即以夾鏈袋分裝。喵媽的夾鏈袋一包大約分裝40克，大約可做12-13次麵包。不建議分裝的太大包，夾鏈袋常常開開關關的，也會影響酵母活性。分裝好的酵母粉，取一包放冷藏，平時做麵包使用，其餘分裝至夾鏈袋的酵母粉，則取一密封罐裝入，然後放到「冷凍庫」的最內層保存。當冷藏室的酵母粉使用完畢，再從冷凍取一包出來使用。

TIPS

※ 酵母粉開封後一定要放在冰箱的冷藏室！

麵包保存與加熱

　　喵媽通常都使用250克的麵粉量，可以剛好烤一盤（8個）麵包或一條吐司。晚上麵包出爐放涼之後，喵媽會留2個麵包當隔天早餐，剩下的麵包直接用保鮮袋裝起來（如果是吐司的話，請先切片），放入冷凍庫。存放在冷凍庫的麵包，只要在前一晚睡前（晚上11點左右）從冷凍庫取出，放室溫自然退冰，隔天早上不用加熱，麵包就回復鬆軟好吃。

　　如果想在早上吃到暖呼呼的麵包，請手動設定：

　　「蒸氣＋熱風烘烤」（スチーム＋オーブン）→ 予熱有 → 1段 → 120℃ → 5分

　　加熱完成之後，就能吃到不燙口，像剛出爐般的美味麵包！

愛生活23

美味零油煙！
讓新手變廚神的全能料理爐：
蒸、烤、炸、燉、滷、烘焙的100道料理一爐全搞定！

作者	喵媽
攝影	喵媽、子宇影像有限公司
責任編輯	張晶惠
發行人	蔡澤蘋
出版	健行文化出版事業有限公司
	臺北市八德路3段12巷57弄40號
	電話／02-25776564・傳真／02-25789205
	郵政劃撥／0112263-4
九歌文學網	www.chiuko.com.tw
印刷	前進彩藝有限公司
法律顧問	龍躍天律師・蕭雄淋律師・董安丹律師
發行	九歌出版社有限公司
	臺北市八德路3段12巷57弄40號
	電話／02-25776564・傳真／02-25789205
初版	2016（民國105）年4月
定價	**360元**

書號	0207023
ISBN	978-986-92544-9-6（平裝）

（缺頁、破損或裝訂錯誤，請寄回本公司更換）

版權所有・翻印必究　Printed in Taiwan

國家圖書館出版品預行編目(CIP)資料

美味零油煙!讓新手變廚神的全能料理爐：蒸、烤、炸、
燉、滷、烘焙的100道料理一爐全搞定! / 喵媽著. -- 初版.
-- 臺北市：健行文化出版：九歌發行, 民105.04

144 面；18.5x25 公分. -- (愛生活；23)

ISBN 978-986-92544-9-6(平裝)

1.食譜

427.1   105003453